减肥就是好好吃饭

萨巴蒂娜◎主编

U0150109

中国轻工业出版社

好好吃饭就是好好生活

经常有人说，不吃晚饭就可以减肥，只吃黄瓜鸡蛋就可以减肥，每天只吃 500 卡路里的食物可以减肥，不吃主食可以减肥……

上述的减肥方式通通是错误的，除非你可以坚持一辈子。如果只是节食就可以瘦下来，全世界的人也不必为减肥发愁了。

即便你能做到坚持节食一辈子，但吃任何食物都要小心翼翼，并严格计算热量，这样的日子真是你想要的生活吗？美食是多么大的一种享受啊，生而为人，何必如此艰难。

其实，很多人的肥胖是不规律的生活方式造成的，包含不规律的饮食习惯。一会儿过饱，一会儿又节食，熬夜，睡眠不足，让身体整天处于不能停息的战斗状态，"疲劳肥"就是这么来的。

减肥就是好好吃饭，好好吃饭的前提是好好生活，好好生活的前提是保持积极、快乐的生活态度。有了这样的生活态度，减肥不是难事，而且这样的人能全身散发光芒，魅力四射。

我一向倡导人应该首先最爱自己，世间万物，你最重要，你最珍贵。仔细呵护自己的需要，不要虐待自己的身体，任何美食都可以享受，只要适时适量。

喝洁净的水，自己动手做安全美味的食物，每天规律生活，锻炼身体，照耀阳光。身边有挚爱亲友，有事业，有爱，久而久之，身体自然会健康，也能保持住美好的身材，更重要的是，你也会拥有自己想要的生活。

高欣茹

萨巴蒂娜
个人公众订阅号

萨巴小传：本名高欣茹。萨巴蒂娜是当时出道写美食书时用的笔名。曾主编过五十多本畅销美食图书，出版过小说《厨子的故事》，美食散文集《美味关系》。现任"萨巴厨房"主编。

敬请关注萨巴新浪微博 www.weibo.com/sabadina

目 录

CHAPTER 1
×
瘦身篇

鸡胸肉青豆瘦身沙拉
016

胡萝卜鸡蛋三明治
018

芦笋水波蛋
020

缤纷藜麦沙拉
022

牛油果三文鱼沙拉
024

凉拌爽脆木耳
025

蘑菇轻食三明治
026

水波蛋低脂沙拉
028

凉拌秋葵
030

藜麦鸡肉沙拉
032

小白菜蛋饼
034

凉拌银耳魔芋丝
036

酸奶燕麦红薯泥
038

土豆沙拉
040

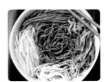

时蔬凉拌荞麦面
042

低卡酸辣海带丝
044

CHAPTER 2
×
美容
养颜篇

CHAPTER 3
×
滋补篇

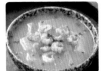

CHAPTER 4
×
健康
活力篇

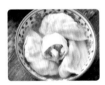

CHAPTER 5
×

欺骗餐篇

并非所有的脂肪都应该被避免
女孩，请学会聆听自己内心的声音，适合自己的，才是最好的

我们喜欢的脂肪
重新和它们做朋友，要知道它们不是魔鬼

给你一个放纵的理由
"欺骗餐"让减脂期不再难熬

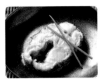

计量单位对照表

1 茶匙固体材料 =5 克   1 茶匙液体材料 =5 毫升

1 汤匙固体材料 =15 克   1 汤匙液体材料 =15 毫升

初步了解全书

看着名字
就流口水

需要用到的食材一目了
然，要打有准备的仗

贴心叮咛，让你与
美味不再失之交臂

品尝菜肴既有情怀也
要吃出健康和苗条

时间、难
易度清楚
明了

参考热量
标识，热
量高低一
目了然

详尽直观的操作步
骤让你简单上手

为了确保菜谱的可操作性，

本书的每一道菜都经过我们试做、试吃，并且是现场烹饪后直接拍摄的。

本书每道食谱都有步骤图、烹饪秘籍、烹饪难度和烹饪时间的指引，确保你照着图书一步步
操作便可以做出好吃的菜肴。但是具体用量和火候的把握也需要你经验的累积。

书中部分菜品图片含有装饰物，不作为必要食材元素出现在菜谱文字中，读者可根据自己的
喜好增减。

CHAPTER 1

×

瘦身篇

一瘦遮百丑，羡慕别人衣架般的身材？从现在、从这里开始吧！

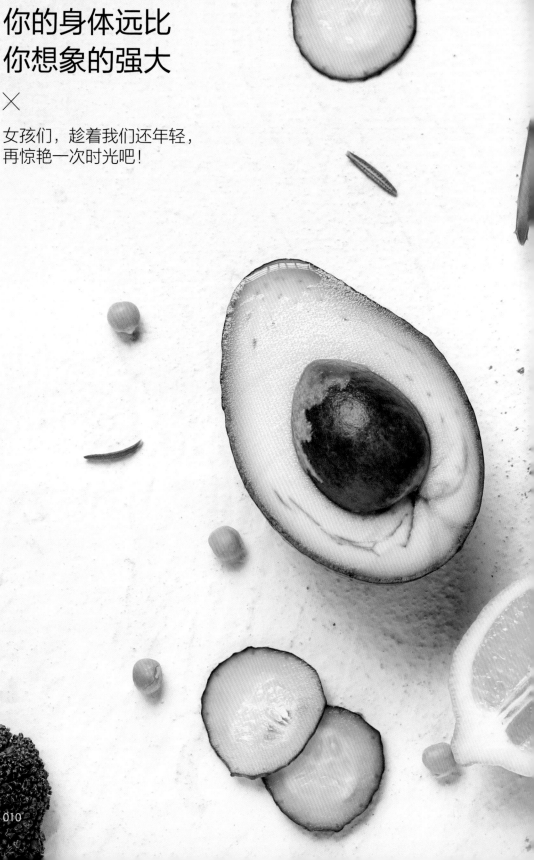

你的身体远比
你想象的强大

✕

女孩们，趁着我们还年轻，
再惊艳一次时光吧！

"健康"一词一直都很流行,那么健康到底指什么?健康是拥有充满活力的身体、清晰敏锐的头脑和快乐纯洁的心灵。而我们需要做的就是照顾好自己的身体,给自己的身体提供所需的养分,让它能舒适愉快地为你工作。

学会了解自己的身体,是你最重要的事情,而营养就是最重要的工具。我们每天摄入的食物,很大程度上决定了我们当天的状态。渐渐地你会发现,如果你吃下去的是富含能量的健康食物,那么你一天都将是精力充沛的。

相信你的身体,它最知道你所需要的是什么。健康的食物会给你带来健康的身体,让你充满活力。

无论你是哪种身材,你的身体都是你拥有的最宝贵的东西。它能做到许多让你意想不到的事情,例如将一碗看似平淡无奇的沙拉转化成丰富的营养,维持你的生命活力。而你要做的,就是了解你的身体,并且相信它。

推荐菜品

缤纷藜麦沙拉　　　蘑菇轻食三明治

P022　　　　　　P026

你要爱上七分饱

不管全世界怎么说，请相信只有
自己的感受才是正确的

在生命的最初阶段，我们会因为饥饿而啼
哭，这是身体在告诉我们：该吃饭了！如果在
感到饥饿的时候不吃饭，就将进入到"很饿、
吃得很多、身材变胖、节食"的死循环中。当
身体在对你说"饿"的时候，你就要去喂饱它，
而此时七分饱就是它最喜欢的状态。

什么是七分饱？七分饱是你的饥饿感已经
消失了，看到面前的食物已经没有最初的兴奋，
继续吃或者不吃都可以，这个时候就是七分饱。
在此时放下碗筷，就会感受到最舒服的身体
状态。

努力在每一餐找到那个七分饱的感觉。那
是来自你身体的信号，它会告诉你："我已经
饱了，再吃我就撑了。"请相信，你的身体会
引导你，请认真倾听，并找到最佳的方式去满
足它。找到属于自己的七分饱，那一刻就不用
再为饿肚子而心烦气躁，也不用再为吃太多而
后悔懊恼。

推荐菜品

牛油果三文鱼沙拉　　　　水波蛋低脂沙拉

P024　　　　　　　　　　P028

相信水果蔬菜的力量

做一个有质感的女孩，
从饮食开始吧

　　小时候，我们都会在父母的督促下吃水果蔬菜。那时候的我们可能觉得肉、糖果、零食更加好吃，为什么要吃些没有什么味道的蔬菜？长大后，我们开始意识到要多吃水果蔬菜，甚至将食用新鲜的水果蔬菜列入每天必做的事情之一。

　　越了解维生素和矿物质对身体的重要性，就越清楚水果蔬菜有多么重要。它们为我们的骨骼提供钙、为血液提供铁、为免疫系统提供维生素 C……

　　如果想让自己的皮肤变得更加光滑，想让自己的头脑变得更加清醒，那么从今天起，多吃新鲜的水果和蔬菜吧！

－推荐菜品－

小白菜蛋饼

P034

时蔬凉拌荞麦面

P042

鸡胸肉青豆瘦身沙拉

低 | 20分钟 | 低 ①

主料

鸡胸肉 / 200 克

青豆 / 30 克

紫甘蓝 / 50 克

球生菜 / 50 克

混合坚果 / 10 克

配料

橄榄油 / 3 茶匙

陈醋 / 1 茶匙

黑胡椒碎 / 2 茶匙

海盐 / 1 茶匙

P.S.

煎鸡胸肉时不要来回翻面，才能形成很好看的琥珀色。煎好取出静置，用剩下的余温慢慢加热，这样做出来的鸡胸肉才鲜嫩不柴。

做法

1 鸡胸肉洗净，用黑胡椒碎和海盐腌制 15 分钟。

2 紫甘蓝、球生菜洗净，控干水分，切丝。

3 锅中烧开水，放入青豆煮 1 分钟，捞出备用。

4 平底锅烧热，不放油，放入腌好的鸡胸肉先煎 2 分钟，再翻面煎 2 分钟。

5 取出静置一会儿，切块。

6 橄榄油和陈醋调成沙拉汁。

7 将生菜、紫甘蓝摆入盘子，放上青豆、坚果和鸡胸肉。

8 淋上沙拉汁即可。

注①：书中菜谱所列标识自上而下依次为"烹饪难度""烹饪时间"及"参考热量"。"烹饪时间"不含浸泡及冷藏时间。

苗条笔记

吃沙拉时，我们往往会面临这样一个问题："草"真的很难以下咽！而这道沙拉就为你们解决了这个问题。焯过水的紫甘蓝口感会更加顺滑。紫甘蓝中含有大量的膳食纤维，可以促进肠蠕动，将我们体内多余的油脂排出去，从而起到减脂瘦身的功效。开开心心吃沙拉，谁说不可以？

主料

胡萝卜 / 100 克

鸡蛋 / 1 个

吐司 / 2 片

配料

橄榄油 / 3 茶匙

黑胡椒碎 / 适量

海盐 / 1 茶匙

P.S.

虽然使用黄油炒蛋色泽、口感更好，但相较于橄榄油，黄
油的热量偏高，还是建议大家使用橄榄油。

做法

1　胡萝卜洗净，去皮，用擦丝器擦成细丝。

2　鸡蛋打散至碗中，搅拌均匀，加海盐。

3　平底锅烧热放橄榄油，倒入蛋液炒散，待蛋液凝固即可盛出。

4　锅中紧接着放入胡萝卜丝，小火炒 1 分钟至炒软。

5　放入鸡蛋，炒匀，撒上黑胡椒碎。

6　取一片吐司，放上炒好的胡萝卜鸡蛋，盖上另一片吐司，对半切
　　开即可。

苗条
笔记

吃过很多三明治明,大多是以肉为主题的,比如牛肉、
鸡肉或者金枪鱼。其实清爽的素三明治也可以很好
吃。甜甜软软的胡萝卜搭配滑嫩的炒蛋,满口都是
健康的味道,多吃一口也不怕长胖。

CHAPTER 1

瘦身篇

颜值即正义

芦笋水波蛋

低 | 20分钟 | 低

主料
芦笋 / 6 根
鸡蛋 / 1 个

配料
苹果醋 / 50 毫升
橄榄油 / 3 茶匙
黑胡椒碎 / 适量

P.S.

水波蛋要保证蛋白凝固、蛋黄流动，所以在鸡蛋的选择上，
最好选用可生食鸡蛋。

做法

1 芦笋洗净，用削皮器削皮。

2 放入烤盘中，淋上橄榄油，撒上黑胡椒碎，放入烤箱，180℃烤
 10分钟，取出盛盘。

3 找一个深口锅，煮一锅水。

4 待水沸腾后转小火，倒入苹果醋，煮至水沸而不腾。

5 将鸡蛋先打入一个炒勺中，再扣入锅中。

6 煮至蛋白凝固成光滑的圆球。

7 将水波蛋盛出，摆放在烤好的芦笋上，撒上黑胡椒碎即可。

苗条 笔记

低卡高颜值的料理中，水波蛋绝对要占据一席之地！看似做法复杂的水波蛋，其实掌握好了技巧一点也不难。一颗颗饱满的水波蛋轻松出现在你的餐盘中，让我们一起来做这道赏心悦目的料理吧！

缤纷藜麦沙拉

五彩缤纷的沙拉花园

低 | 20分钟 | 低

主料
三色藜麦 / 100 克
手指胡萝卜 / 2 根
蟹味菇 / 5 克

配料
油醋汁 / 1 汤匙
黑胡椒碎 / 适量
盐 / 适量

P.S.

在煮藜麦的时候可以在水中撒一点盐，在煮制过程中，可以捞起来尝一下是否熟了。不同的藜麦煮制的时间会有所差别，要根据具体情况酌情增减煮制的时间。

做法

1 三色藜麦提前一两个小时泡水。

2 锅中烧开水，放入泡好的藜麦，加盐，煮 15 分钟。

3 手指胡萝卜洗净，切段；蟹味菇洗净。

4 将胡萝卜和蟹味菇放入锅中煮熟，捞出。

5 在胡萝卜和蟹味菇上撒上黑胡椒碎和盐，搅拌均匀。

6 煮好的藜麦放入盘子，上面均匀码上胡萝卜和蟹味菇。

7 淋上油醋汁即可。

苗条 -1- 笔记　藜麦是一种口感与能量俱在的减脂期明星食材，将藜麦加入沙拉中，吃沙拉就变成了一种享受。不必挨饿还能减脂，离拥有一副美好健康的身材还远吗？

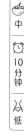

苗条
笔记

牛油果和三文鱼是减脂期人们离不开的两种食材。吃三文鱼刺身的时候，我喜欢用芥末酱油作为蘸料，其实这个蘸料跟牛油果也格外搭配，不信就来试试吧！

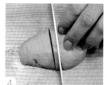  

主料

三文鱼 / 200 克

牛油果 / 半个

配料

寿司酱油 / 3 茶匙

芥末 / 适量

做法

1　用厨房纸巾将三文鱼表层的油脂吸干净。

2　三文鱼切片，片的厚度根据个人口味调整。

3　牛油果对半切开，取出核，剥皮。

4　将牛油果切成跟三文鱼差不多厚的片。

5　在盘子中按照一层三文鱼、一层牛油果的顺序均匀摆放。

6　将酱油和芥末放在小碟中，搅拌均匀，吃的时候直接蘸即可。

P.S.

根据选用的三文鱼的不同部位，切法也不同。三文鱼背部的肉稍硬，要垂直切；腹部偏软，要斜着切。

凉拌爽脆木耳

清爽的中式味道

低
10分钟
低

苗条笔记

木耳是一种很神奇的食材，其中富含胶质，能帮人体清除多余的垃圾。爽脆的木耳加入了辛辣的小米辣，在炎热的、让人食欲不振的夏季，这是一道让人欲罢不能的爽口小菜！

主料

木耳 / 10 克

小米辣 / 3 个

配料

陈醋 / 1 汤匙

生抽 / 1 汤匙

白糖 / 1/2 茶匙

香油 / 1 茶匙

P.S.

木耳用清水泡发，经过三四个小时，水分慢慢浸透到木耳里面，此时的木耳，营养价值和口感都是最佳的。

做法

1　木耳泡发，洗净。

2　锅中烧开水，放入木耳煮 1 分钟，捞出，沥干水分。

3　小米辣洗净，切末。

4　碗中放入陈醋、生抽、白糖和小米辣，搅拌均匀，调成酱汁。

5　木耳放入盘中，淋上酱汁，搅拌均匀。

6　最后淋上香油即可。

蘑菇轻食三明治

三明治也可以很爽滑

<table>
<tr><td>中</td><td>20分钟</td><td>低</td></tr>
</table>

主料

吐司 / 2 片

口蘑 / 6 颗

鸡蛋 / 2 个

配料

橄榄油 / 1 茶匙

黑胡椒碎 / 1 茶匙

海盐 / 1 茶匙

P.S.

在蘑菇的选择上，口蘑的口感相对好一些。当然大家也可以选择自己喜欢的蘑菇品种，但要选择鲜蘑菇，不要选择需要泡发的。

做法

1　口蘑洗净，切薄片。

2　鸡蛋打散至碗中，加海盐，搅拌均匀。

3　平底锅烧热，放橄榄油，转小火，放入口蘑炒 2 分钟。

4　倒入蛋液，快速滑炒至蛋液凝固。

5　出锅前撒上黑胡椒碎。

6　取一片吐司，放上口蘑滑蛋，盖上另一片，对半切开即可。

苗条
笔记

好吃、低脂、饱腹，这是减脂期最喜欢听到的几个词了。这款蘑菇轻食三明治就完全满足了这三点。谁说吃三明治就一定要放肉？以蘑菇为主食材的三明治一样美味！

水波蛋低脂沙拉

颜值口感都在线

低 | 20分钟 | 低

主料
鸡蛋 / 1个
生菜 / 30 克
苦菊 / 30 克
圣女果 / 6 个
玉米粒 / 20 克

配料
苹果醋 / 30 毫升
油醋汁 / 1 汤匙

P.S.
苹果醋的加入是起到凝固蛋白的作用，相比较用筷子搅漩涡，这个方法的成功率极高。

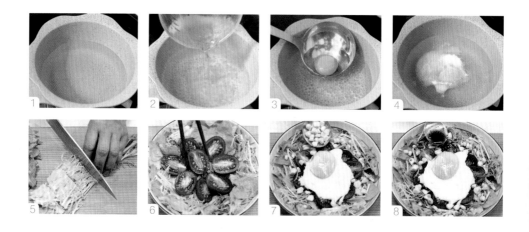

做法
1 找一个深口锅，煮一锅水。
2 待水沸腾后转小火，倒入苹果醋，煮至水沸而不腾。
3 将鸡蛋先打入一个炒勺中，再扣入锅中。
4 煮至蛋白凝固成光滑的圆球即可。
5 生菜、苦菊洗净，切段；圣女果洗净，对半切开。
6 将生菜、苦菊和圣女果摆在盘中。
7 放上水波蛋，撒上玉米粒。
8 淋上油醋汁即可。

苗条笔记 将沙拉中的肉类替换成了鸡蛋，但却绝不是普通的鸡蛋！加入了颜值与口感都在线的水波蛋，轻轻松松解决一盘沙拉。谁说吃草很难过？

清清爽爽谁不爱

低 | 20分钟 | 低

主料

秋葵 / 8 根

小米辣 / 3 个

大蒜 / 3 瓣

配料

陈醋 / 1 汤匙

生抽 / 1 汤匙

盐 / 1/3 茶匙

香油 / 1 茶匙

P.S.

小米辣的数量可以根据嗜辣程度决定，喜欢吃辣的可以加量。

做法

1 秋葵洗净。

2 锅中烧开水，放入盐，加入秋葵煮 2 分钟，捞出控水。

3 小米辣切末；大蒜剥皮、切末。

4 将陈醋、生抽、小米辣和蒜末放入碗中，加入等量清水，搅拌成酱汁。

5 将酱汁淋在煮好的秋葵上。

6 淋上香油即可。

苗条笔记

秋葵的做法很多，但我唯独偏爱这款拥有清爽口感的凉拌秋葵。凉拌菜真的是减脂期的福利菜系，好吃又低热量，谁能抵抗得住？

主料

三色藜麦 / 100 克

鸡胸肉 / 100 克

生菜 / 30 克

苦菊 / 30 克

鸡蛋 / 1 个

配料

油醋汁 / 1 汤匙

黑胡椒碎 / 1 茶匙

海盐 / 1/2 茶匙

P.S.

鸡蛋煮 10 分钟左右，蛋黄呈现的是微微的溏心，如果想
吃全熟蛋，可以煮 15 分钟。

做法

1 三色藜麦提前一两个小时泡水。

2 鸡胸肉放入黑胡椒碎和海盐，涂抹均匀，腌制 15 分钟。

3 锅中烧开水，放入泡好的藜麦，加海盐，煮 15 分钟，捞出备用。

4 紧接着放入鸡蛋煮 10 分钟，捞出凉凉，剥壳，切成 4 瓣。

5 平底锅烧热，不放油，放入腌好的鸡胸肉先煎 2 分钟，再翻面煎 2 分钟。

6 将鸡胸肉取出静置一会儿，切块。

7 生菜和苦菊洗净，控干水分，切段。

8 将生菜、苦菊、藜麦、鸡蛋、鸡胸肉依次摆放至盘中。

9 淋上油醋汁即可。

**苗条
笔记**

沙拉吃不饱？有了藜麦的加入就再也不用担心这个问题啦！这道沙拉建议用勺子吃，舀一勺材料满满的沙拉，放入口中，超级过瘾！想想都流口水了呢！

吃不腻的鸡蛋料理
小白菜蛋饼

中 | 20分钟 | 低

主料

小白菜 / 50 克
胡萝卜 / 30 克
鸡蛋 / 2 个
面粉 / 50 克

配料

橄榄油 / 少许
盐 / 1/2 茶匙

P.S.

鸡蛋面糊加水的量，以面糊能顺滑流动即可。水加太少了
蛋饼会厚，加太多了蛋饼不成形。

做法

1　小白菜洗净，去根。

2　胡萝卜洗净，去皮，擦成细丝。

3　锅中烧开水，放入小白菜，烫 30 秒捞出，沥水。

4　小白菜切碎。

5　找一个大碗，放入面粉、鸡蛋、胡萝卜、小白菜和盐，搅拌成鸡蛋面糊。

6　平底锅烧热，刷一层薄薄的橄榄油，舀入一勺面糊摊平。

7　煎至底部凝固即可翻面，直至两面金黄即可。

苗条
笔记

这是一款超级快手的营养蛋饼，口感软嫩。小白菜
的加入提升了味道和口感，吃起来一张接着一张，
根本停不下来！

凉拌银耳魔芋丝

低 | 20分钟 | 低

主料	配料
魔芋丝 / 100 克	陈醋 / 1 汤匙
银耳 / 10 克	生抽 / 1 汤匙
胡萝卜 / 30 克	白糖 / 1/2 茶匙
小米辣 / 3 根	香油 / 1 茶匙

P.S.

很多人吃魔芋丝的时候没有煮一下的习惯，其实煮过的魔芋丝不仅口感更好，而且能将魔芋里面的防腐剂和其他物质煮掉。

做法

1 银耳提前放入水中泡发，撕成小朵。

2 锅中烧开水，放入魔芋丝煮 1 分钟，捞出控干水分。

3 锅中紧接着放入银耳，煮 1 分钟捞出。

4 小米辣切末，胡萝卜去皮、切细丝。

5 碗中放入陈醋、生抽、白糖和小米辣搅拌均匀，调成酱汁。

6 将魔芋、银耳、胡萝卜依次放入盘中，淋上酱汁，搅拌均匀。

7 最后淋上香油即可。

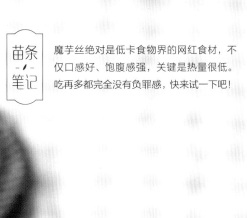

苗条笔记 魔芋丝绝对是低卡食物界的网红食材，不仅口感好、饱腹感强，关键是热量很低。吃再多都完全没有负罪感，快来试一下吧！

酸奶燕麦红薯泥

不是甜品胜似甜品

中 | 20 分钟 | 低

主料

红薯 / 100 克

酸奶 / 200 克

即食燕麦 / 60 克

牛奶 / 30 毫升

配料

蜂蜜 / 适量

P.S.

在燕麦的选择上，最好选择配酸奶吃的可即食燕麦，里面含有坚果和果干的最佳。

做法

1　红薯洗净，去皮，切片。

2　蒸锅烧开水，放入红薯片蒸 15 分钟。

3　蒸好的红薯加入牛奶和蜂蜜，搅拌成细腻的红薯泥。

4　双手洗干净，将红薯泥搓成一个圆球。

5　将红薯泥放入盘子中，浇上酸奶。

6　再撒上燕麦即可。

苗条笔记

想吃出不一样的酸奶？来看看这个菜谱吧！酸奶燕麦红薯泥不仅饱腹感强，由于红薯的加入还增加了料理的层次感，秒变网红单品！

土豆沙拉

忘不掉的味道

低 | 20分钟 | 低

主料

土豆 / 200 克

黄瓜 / 1 根

金枪鱼罐头 / 50 克

配料

蜂蜜芥末酱 / 1 汤匙

盐 / 1/4 茶匙

黑胡椒碎 / 适量

P.S.

这道沙拉的关键就是充分搅拌，所以在做好后再充分地搅拌一次吧！

1

2

3

4

5

6

7

做法

1 土豆去皮、洗净，切片。

2 蒸锅烧开水，放入土豆蒸 15 分钟。

3 将蒸好的土豆随意压成泥。

4 黄瓜洗净，切薄片，放入盐，腌制 10 分钟。

5 将腌好的黄瓜沥干水分。

6 将金枪鱼罐头、黄瓜和土豆泥搅拌在一起。

7 再加入蜂蜜芥末酱和黑胡椒碎，充分搅拌均匀即可。

苗条
笔记

这是一道没有过多约束，能让你随心所欲发挥的沙拉料理。随意选择你喜欢的土豆泥形态，我保证它的味道会让你久久不能忘却！

时蔬凉拌荞麦面

美妙的主食

中 | 20分钟 | 低

主料

荞麦挂面 / 100 克

豆芽 / 20 克

黄瓜 / 1 根

生菜 / 20 克

胡萝卜 / 20 克

配料

橄榄油 / 2 茶匙

盐 / 1/2 茶匙

陈醋 / 1 汤匙

生抽 / 1 汤匙

白糖 / 1/4 茶匙

蚝油 / 1 茶匙

P.S.

煮好的面条过两遍凉水，再加入适量橄榄油，可使面条变得有嚼劲，又不会粘连在一起。

做法

1 豆芽择洗干净；黄瓜、胡萝卜洗净，去皮，切细丝；生菜洗净，切细丝。

2 锅中烧开水，放入荞麦面煮熟。

3 将煮熟的荞麦面过两遍凉水，沥干。

4 荞麦面加入橄榄油，搅拌均匀。

5 开水锅中再依次放入豆芽、胡萝卜，烫 1 分钟，捞出沥干备用。

6 将豆芽、生菜、胡萝卜和黄瓜放入面条中。

7 盐、陈醋、生抽、白糖和蚝油放入碗中，调成酱汁。

8 在面条上淋上酱汁，搅拌均匀即可。

苗条笔记

吃面食会发胖？其实是你没有选择对面食。荞麦面相较于普通白面热量更低、营养价值更高。戒不掉碳水化合物？来试试这个吧！

CHAPTER 1

瘦身篇

低卡酸辣海带丝

低
20分钟
低

苗条笔记

超市里很容易买到的海带，其实是减肥的好帮手。看似非常普通的海带，只要稍加调味，就能摇身一变，成为一道爽口的低卡料理。

主料

海带 / 100 克

大蒜 / 3 瓣

小米辣 / 3 个

配料

盐 / 1/2 茶匙

陈醋 / 1 汤匙

生抽 / 1 汤匙

白糖 / 1/4 茶匙

蚝油 / 1 茶匙

香油 / 适量

做法

1　海带洗净，切长段。

2　大蒜剥皮，捣成蒜泥；小米辣切末。

3　锅中烧开水，放入海带煮 3 分钟，捞出，控干水分。

4　盐、陈醋、生抽、白糖和蚝油放入碗中，调成酱汁。

5　将蒜末和小米辣放入海带中，倒入酱汁，搅拌均匀。

6　淋上香油即可。

P.S.

在清洗海带的时候可以倒入适量白醋，白醋既可以快速清洗海带的黏液，也可以令海带更加柔软。

CHAPTER 2
×

美容
养颜篇

颜值优先，别的且不
说，先好好爱护自己
的脸蛋吧！

学会避免添加糖

再难也要坚持！
健康这事儿没借口

生活中我们总是被各种糖围绕着，它们可能打着不同的标签，如蔗糖、麦芽糖、焦糖、果糖……

还有一些甜味剂、增甜剂打着"天然"的旗号，代替蔗糖，其实都是戴着面具的加工品。虽然血糖不会受到影响，但它们依旧会对我们的肠道菌群和代谢功能产生影响。

那么如何才能避免糖对我们身体产生不良的影响？除了要避免甜味剂外，我们还要学会避免"添加糖"。什么是"添加糖"？有些食品制造商会用一些其他名称来掩盖食品中的添加糖，如浓缩甘蔗汁、甘蔗结晶、粗糖、糖浆、转化糖、乳糖等，看到这些的时候你就要注意了。

糖分除了热量外，并不能给你提供其他营养。不但如此，长期摄入过多的添加糖，还会增加内脏负担，让高血压、高血脂、高血糖等问题都找上门来。

如果只为了满足我们的口腹之欲而选择甜食，实在是对自己太不负责任了！其实可以通过一些小小的习惯来摆脱对糖的依赖。比如，在料理中减少糖的分量、选择水果而不是糖果、拒绝含糖量高的饮料等。

－推荐菜品－

红豆山药糕

P054

红枣枸杞小圆子

P060

食用富含抗氧化剂
的食物

×

终有一天你会发现，
你所坚持的事情都会有回报

　　苹果削皮切块，如果放置一段时间就会变色发黑。这是氧化造成的。就像苹果一样，我们身体内的细胞也会氧化加速衰老。苹果氧化事小，可我们身体、皮肤的老化就是一件值得我们重视的事情。

　　其实，在我们生活中常见的水果蔬菜就能为人体提供充足的抗氧化剂。比如我们常常提到的维生素 C，能帮助身体吸收铁，增强免疫系统；维生素 E 能延缓衰老、减少皱纹的产生；还有 β 胡萝卜素，能帮助眼睛适应光线的变化。它们都能清除人体内氧化反应产生的自由基，延缓衰老。

　　富含维生素 C 的食材有番茄、橙子等；富含维生素 E 的食材有坚果、绿叶蔬菜等；富含 β 胡萝卜素的食材有菠菜、萝卜、南瓜等。

　　食用富含抗氧化剂的食物，是让我们保持健康活力的最简单、最有效的方法！

推荐菜品

鲜嫩柠檬红薯　　　　　椰香南瓜汤

P058　　　　　　　　　P070

做你自己的能量专家

×

从现在开始吧，
因为每天都是一年中最美妙的日子

日常生活中，其实你早就在关注能量问题了！不相信？你会带一台没有电的手机出门吗？你一定会在出门前给手机充满电，或者随身带好数据线，想方设法让手机拥有足够的电量。对手机如此，更何况自己的身体，你也应该如此重视。

比如用一顿健康的早餐开启一天；在午餐之前补充水果；如果白天吃得油腻，那晚上就吃一餐清爽的沙拉调节一下……你可以根据自己的状态，决定一天究竟需要摄入多少能量。

如果想让你的身体时刻都拥有满满的能量，那么就从管理好自己的饮食开始吧！

－推荐菜品－

鲜虾蘑菇盅

P052

三文鱼美颜饭

P062

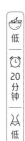

虾仁好吃法

鲜虾蘑菇盅

低 | ⏱ 20 分钟 | 低

苗条笔记

这是一款看似麻烦、实则很懒人的一道菜。鲜嫩的蘑菇和爽滑的虾仁彼此成就，互相搭配出了这款低卡美味又饱腹的健康菜肴。

1 2 3

4 5 6

主料

虾仁 / 60 克

鲜香菇 / 6 个

配料

橄榄油 / 2 茶匙

盐 / 1/2 茶匙

料酒 / 1 茶匙

做法

1 鲜虾去壳、去虾线，冲洗干净。

2 将洗净的虾仁剁成虾泥。

3 剁好的虾泥中放入橄榄油、盐和料酒，搅拌均匀。

4 香菇洗净，去蒂。

5 将虾泥填入香菇中，涂抹平整。

6 将鲜虾蘑菇盅放入盘子，放入蒸锅，大火蒸 10 分钟即可。

P.S.

关于虾泥的制作，除了亲自手剁之外，也可以用料理机搅打，或者偷懒买现成的虾滑就好！

蓝莓松饼

自制甜食最健康

中 | 20分钟 | 低

在特殊的日子来临前，食欲会暴增，总想吃些甜食！可外食的甜品往往热量很高。不如花些时间，为自己亲手烹饪一款低糖健康的甜品吧！

主料

松饼粉 / 150 克

鸡蛋 / 1 个

牛奶 / 80 毫升

蓝莓 / 适量

配料

蜂蜜 / 适量

P.S.

如果没有松饼粉，就用 120 克低筋面粉 +2 克泡打粉 +20 克白砂糖 +60 毫升牛奶 +1 个鸡蛋，这样搅拌出来的就是适合做松饼的松饼粉啦。在煎松饼的时候，一定要使用不粘锅，且锅面平整，倒面糊时从高处落下，煎的过程中全程保持小火。

做法

1 取一个大碗，放入松饼粉、鸡蛋、牛奶，充分搅拌均匀至无颗粒。

2 蓝莓洗净。

3 不粘平底锅预热后转中小火，舀入一勺松饼糊，放上蓝莓。

4 待表面起泡泡时，翻面。

5 翻面后煎 30 秒即可盛出。

6 煎好的松饼可以摆上蓝莓，淋上蜂蜜一起食用。

红豆山药糕

中 | 60分钟 | 低

主料

红豆 / 100 克

山药 / 2 根

配料

白糖 / 2 茶匙

牛奶 / 适量

P.S.

山药在削皮的过程中要戴上手套，否则山药的黏液沾在手
上会刺激皮肤，产生发痒的感觉！

做法

1 红豆提前一晚泡水。

2 红豆和白糖放入电饭煲中，加水没过红豆和白糖，按下煮饭键，煮 2 遍直
至红豆软烂。

3 山药洗净，削皮，切小段。

4 蒸锅烧开水，放入山药蒸 15 分钟。

5 将蒸好的山药捣成山药泥，加入牛奶，搅拌均匀。

6 取一张保鲜膜，铺在方形保鲜盒中。

7 底部涂抹一层山药泥。

8 放上煮熟的红豆，再盖上一层山药泥，压实，放入冰箱冷藏一会儿。

9 取出，去掉保鲜膜，将红豆山药糕切成小块即可。

苗条笔记 红豆中含有丰富的铁，多吃红豆能补血，使面色更加红润。如果吃腻了传统做法的红豆，那就快来试试这款简单的小零食吧！

口蘑炒芦笋

主料

口蘑 / 6 颗

芦笋 / 100 克

配料

橄榄油 / 少许

海盐 / 1/2 茶匙

黑胡椒碎 / 适量

P.S.

削皮后的芦笋口感更加鲜嫩。为了防止口蘑遇空气氧化变黑，建议炒之前再切。

做法

1　芦笋洗净，用削皮器削皮。

2　将削好皮的芦笋斜切成 8 厘米左右的长段。

3　口蘑洗净，对半切开。

4　锅烧热，放橄榄油，放入口蘑翻炒。

5　加入芦笋，转小火，翻炒至口蘑变软。

6　加入海盐和黑胡椒碎调味，即可出锅。

苗条
笔记

芦笋和口蘑是减脂人士很喜爱的食材。口蘑鲜嫩，口感爽滑，芦笋口感清香，两者互相成就，只需要简单的调味，就可以释放出最鲜美的味道！

不一样的红薯

鲜嫩柠檬红薯

低
30分钟
低

主料
红薯 / 2 个
柠檬 / 半个

配料
白糖 / 3 茶匙

P.S.

因为煮红薯的汤汁还要浸泡红薯，所以前期红薯和柠檬一定要清洗干净！在洗柠檬的时候可以在手中放一小撮盐，揉搓冲洗。

做法

1　红薯洗净，保留皮。

2　将红薯切成 2 厘米左右的段。

3　柠檬洗净，切片。

4　将红薯与柠檬片放入奶锅中，加水没过食材。

5　盖上锅盖，大火煮开，放入白糖。

6　转小火煮 20 分钟，煮至红薯全熟。

7　煮好的红薯放在汤汁中浸泡，冷却 2 小时再食用。

苗条笔记 如果要推选减脂期最推荐的主食，红薯一定当仁不让！可你还在用普通的方法蒸煮红薯吗？来试试这款酸甜爽口的柠檬红薯吧。冷却之后食用味道更好！谁说减脂期的主食都不好吃？

红枣枸杞小圆子

中 | 20分钟 | 低

主料

小圆子 / 30 克

红枣 / 6 颗

枸杞子 / 适量

配料

冰糖 / 20 克

桂花酱 / 1 茶匙

P.S.

若想煮好的小圆子弹牙，切记一定要热水下锅。且浮上表面后就立即关火盛出。

做法

1 红枣和枸杞子提前 1 小时泡水洗净。

2 锅中倒水，放入红枣、枸杞子。

3 水烧开后放入冰糖，转小火煮 10 分钟。

4 放入小圆子，下锅后用锅铲轻轻推几下，防止粘锅。

5 煮至小圆子全部浮在上面。

6 将小圆子盛入碗中，舀入 1 茶匙桂花酱即可。

苗条
笔记

说到小圆子，最先想到的应该是酒酿小圆子了。其实小圆子的吃法多种多样，但这一定是养生女孩不可错过的一款，光听名字就知道有多养生了吧！

三文鱼美颜饭

厨房新手也能轻松搞定

中 | 40分钟 | 低

主料

大米 / 100 克

三文鱼 / 100 克

黄瓜 / 20 克

鸡蛋 / 1 个

配料

橄榄油 / 适量

海盐 / 1 茶匙

酱油 / 1 茶匙

P.S.

如果喜欢吃三文鱼刺身，也可将三文鱼切厚片，直接铺在米饭上。但切记必须是新鲜且可生食的三文鱼。

做法

1　将大米淘洗两遍，放入电饭锅中。

2　加入清水，清水与米的比例是 1.2：1，按下煮饭键煮熟。

3　三文鱼表面均匀涂抹上盐，腌制 10 分钟。

4　将腌制好的三文鱼洗去表层盐分。

5　黄瓜洗净，切片；鸡蛋打散入碗中。

6　平底锅烧热，倒橄榄油，倒入蛋液，摊成一张薄蛋饼。

7　将摊好的蛋饼切丝。

8　锅中接着放入三文鱼，小火煎 2 分钟，翻面再煎 2 分钟，四周都贴着锅煎一下。

9　米饭盛入碗中，放上三文鱼、蛋丝和黄瓜片，淋上酱油即可。

苗条
笔记

这是一道简单到不能再简单的拼盘饭！如果做饭时间紧张，或者你是厨房新手，那么这款三文鱼一定非常得你们的心，快来试试吧！

虾仁豆腐鸡蛋羹

无法拒绝的嫩滑

主料	配料
鸡蛋 / 2 个	盐 / 1/4 茶匙
内酯豆腐 / 100 克	酱油 / 1 茶匙
虾仁 / 20 克	香油 / 适量

P.S.

为了保证鸡蛋羹最佳的爽滑口感，1 个鸡蛋要加 2 倍于鸡蛋的水量。在蒸的时候切记要用中小火，不要用大火。

做法

1 鸡蛋打入碗中，搅拌均匀。

2 加入盐和 2 倍于蛋液的清水，搅拌均匀。

3 用滤网将蛋液过滤至完全光滑。

4 在装蛋液的碗上盖上一层保鲜膜，用牙签扎几个小孔。

5 将蛋液放入蒸锅，蒸 15 分钟。

6 虾仁洗净，去虾线；内酯豆腐切小块。

7 待鸡蛋羹已经成形，蛋液已经凝固的时候，把内酯豆腐和虾仁摆在上面，继续蒸 1 分钟。

8 淋上酱油和香油，即可出锅。

苗条笔记

这爽滑、鲜嫩、弹牙的口感你能拒绝吗?关键热量还非常低!来吧,做上一大碗让你鲜掉眉毛的虾仁豆腐鸡蛋羹,在入口的那一瞬间,感觉仿佛躺在云朵上一样惬意。

虾滑娃娃菜

一碗胜多碗

🍚 中
⏱ 20 分钟
🔪 低

主料

娃娃菜 / 1 棵

虾仁 / 300 克

鸡蛋 / 1 个

配料

生姜末 / 5 克

盐 / 1/2 茶匙

胡椒粉 / 1/4 茶匙

小葱 / 适量

淀粉 / 适量

P.S.

在制作虾泥的过程中，要用刀去刮虾仁，不要用剁的方法。

处理好的虾滑要多搅拌，充分起胶后口感更好。

做法

1　虾仁洗净，去除虾线；鸡蛋取蛋清备用。

2　将虾仁用刀刮成虾泥。

3　在虾泥中加入蛋清、淀粉、生姜末、盐和胡椒粉反复搅拌，至虾泥有黏稠感。

4　娃娃菜清洗干净，小葱切末。

5　锅中烧开水，放入娃娃菜，小火煮 1 分钟。

6　用勺子将虾滑滑入水中，煮开。

7　加盐调味，出锅前撒上葱末即可。

苗条
笔记

娃娃菜不仅香甜好吃，而且营养价值也很高。它的钙含量几乎是白菜的 3 倍。有了虾滑的加入，补钙效果更是翻倍！这样一款清甜鲜美、饱含着柔软香滑的汤水，不来一碗吗？

西芹虾仁

减脂期的完美食材

主料

西芹 / 200 克

虾仁 / 60 克

配料

橄榄油 / 少许

盐 / 1/2 茶匙

P.S.

将焯好水的西芹过一遍冰水，是为了让西芹保持翠绿的颜色。此外，过了冰水的西芹口感也更加爽脆。

做法

1 西芹洗净，斜切成段。

2 虾仁去虾线，清洗干净。

3 锅中烧开水，放入西芹焯水。

4 焯好水的西芹捞出，放入冰水中。

5 炒锅烧热，倒入橄榄油，放入西芹，小火翻炒。

6 放入虾仁翻炒，加盐调味，待虾仁变色即可盛出。

苗条
笔记

西芹和虾仁是减脂期不得不提到的两大低脂又美味
的食材，没有什么特殊的处理方法，只需简单择洗、
炒制、调味，就可以得到一款颜值高、口感好的减
脂大餐！

直击人心的温暖汤品
椰香南瓜汤

🍲中 | ⏱20分钟 | 🔥低

主料
南瓜 / 200 克

椰浆 / 100 毫升

洋葱 / 60 克

配料
黄油 / 适量

盐 / 1/2 茶匙

P.S.

也可以将椰浆替换成牛奶,若想要口感更加丰富的,可以在最后调味的时候加入一些黑胡椒。

做法
1 南瓜洗净,去皮、去瓤,切成薄片。

2 将南瓜放入盘中,盖上一层保鲜膜,入微波炉高火加热 10 分钟。

3 洋葱去皮,切末。

4 锅烧热,放入黄油,炒香洋葱。

5 将南瓜和洋葱放入搅拌机中,加入椰浆,打成细腻的南瓜糊。

6 将打好的南瓜糊倒入锅中,煮开,加盐调味即可。

苗条笔记 秋天是南瓜丰收的季节,一碗金灿灿、暖暖的南瓜汤,看着就很治愈人心!一人食?有什么难过的,温暖一直伴你左右!

 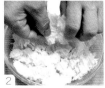 

 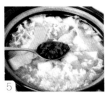

经典好味道
老北京
小吊梨汤

🍲 中　⏲ 50 分钟　📊 低

主料

梨 / 500 克

枸杞子 / 适量

干银耳 / 20 克

话梅 / 2 颗

配料

冰糖 / 30 克

做法

1　干银耳加水，提前泡发。

2　将泡发后的银耳撕碎，去除黄色部分，撕成小块。

3　梨洗净，削皮，将梨肉切小块，梨皮保留。

4　锅中烧开水，放入梨肉、梨皮、银耳、话梅和冰糖，大火煮开。

5　水煮开后，转小火煮 30 分钟，撒入枸杞子再煮 10 分钟即可。

苗条笔记

小吊梨汤是老北京秋冬时节的热门饮品。梨性寒，煮成汤后却具有润肺、清火等功效，再加上软糯的银耳、酸甜的话梅，整个汤汁的层次感分明。秋冬季节里温暖的瞬间一定要有它的身影！

P.S.

梨皮是梨汤的关键，可以使煮出来的梨汤汤汁浓稠、颜色更深，因此在前期准备时一定要保留梨皮。

紫薯银耳羹

喝得到的清甜

中 | 80分钟 | 低

主料
紫薯 / 1个
干银耳 / 20克

配料
冰糖 / 30克

P.S.

银耳一定要充分泡发，再耐心撕成小朵，去除黄色部分，此步骤是后期银耳起胶的关键。

做法

1 干银耳加水，提前泡发。

2 将泡发后的银耳撕碎，去除黄色部分，撕成小块。

3 紫薯洗净，去皮，切小块。

4 银耳清水入锅，大火煮沸。

5 转小火慢炖1小时至银耳黏稠。

6 再加入紫薯块，煮10分钟。

7 加入适量冰糖，待冰糖完全溶化即可出锅。

苗条
笔记

银耳富含胶质，充分浸泡的银耳也更加软糯，搭配紫薯一起食用，口感丝滑，吃完之后，嘴里还留下一丝清甜。这种魅力谁能抵挡？

珍珠百合银耳汤

中 | 100分钟 | 低

主料

干银耳 / 20 克

百合 / 10 克

莲子 / 6 颗

配料

冰糖 / 30 克

P.S.

银耳炖煮的时间取决于银耳熟烂的程度，如果有些银耳不容易煮出胶质，则要延长煮制的时间。

做法

1　干银耳、莲子加水，提前泡发；百合洗净。

2　将泡发后的银耳撕碎，去除黄色部分，撕成小块。

3　将泡发好的莲子去掉内心。

4　银耳清水入锅，大火煮沸。

5　转小火慢炖 1 小时至银耳黏稠。

6　加入莲子煮 20 分钟。

7　再放入百合和冰糖，煮 15 分钟即可。

苗条笔记 秋天，无论是皮肤还是肺部都开始变得娇气，干燥的气候令我们很不舒服。所以秋季也是要重视润肺的季节。今天，就来一碗"平民燕窝"养养肺吧！

低 / 50 分钟 / 低

苗条笔记

桃胶具有清热、养颜等功效，是一种对皮肤滋补效果非常好的食材，也被称为"天然燕窝"。桃胶牛奶是一道口感顺滑、味道香甜的甜品。想永葆青春可不能只是说说而已啊，赶快做出来尝尝吧！

1

2

3

4

5

主料

桃胶 / 6 颗

牛奶 / 500 毫升

配料

冰糖 / 适量

做法

1 桃胶用冷水泡发 12 个小时以上。

2 将泡好的桃胶洗净，用滤网过滤掉杂质。

3 将桃胶放入炖盅内，加水没过桃胶。

4 炖 30 分钟后，加入牛奶和冰糖。

5 再炖 15 分钟即可。

P.S.

一定要用冷水泡桃胶，泡好后用手捏一下，看看是否有硬心，如果有就继续泡，直至完全变软为止。

CHAPTER 3
×
滋补篇

如在意容颜，我们会细细
梳妆；如在意身体，则要
善加滋补哦！

营养均衡太重要了

✕

请让你的餐桌随四季轮转

　　我们追求生活上的平衡，希望工作和休息相互协调。其实我们的身体、我们摄入体内的营养也需要平衡。体内的细胞每一秒都在进行着物质交换，来帮助我们保持身体的平衡。所以我们要顺应身体的需要，倾听身体发出的信号，按时吃饭，形成一种长期、健康、有效的饮食习惯。在食材的选择上，要顺应季节变化，选取当季食材，尽可能丰富食材的种类。

　　当你想吃甜食、油炸食品时，那并不是你身体有需要，而是肚子里的"馋虫"在向你发出申请。这时候请拒绝它，请相信优质的蛋白质和脂肪会为我们提供能量，保持身体健康。

推荐菜品

营养鱼丸菠菜汤

清蒸鲈鱼

P084

P092

对商家的诱惑说不

✕

成长中最大的惊喜在于：
我们有了自主选择的机会

　　近几年，减脂、瘦身这类关键词非常风靡，有些商家也会打着这种旗号推出各种无脂零食、低脂冰激凌等，颇受人们追捧。其实，这不过是商家的促销手段而已。

　　当这些食品去除脂肪的时候，为了追求口感，又额外添加了糖。且不说优质脂肪的好处，经常吃添加糖的食物无疑是发胖的重要原因。

　　我们应该去正视自己的身体，与其吃一些空有噱头的减脂零食，不如迈进厨房，戴上围裙，给自己准备一餐美味的低卡料理！

推荐菜品

白酒花蛤

养生参鸡汤

P088

P094

学会吸收精华

×

我们可以长得不漂亮，
但请不要让我们的人生不漂亮

吃鸡蛋补充蛋白质，吃牛油果补充优质脂肪，吃橙子补充维生素……这就是我们的身体在吸收食物中的精华。在这个过程中，我们也摄入了丰富的矿物质，这些营养物质对我们的身体健康起到了至关重要的作用。

当你每天吃下苹果、香蕉、绿叶菜的时候，这些营养素就在默默地守护着你，让你免受一些疾病的侵扰。请相信在众多优质新鲜的食物中，你一定会找到那些既美味可口又营养健康的食物，试着去发现它们，把它们变为餐桌上的一道道美味佳肴吧！

推荐菜品

冬瓜虾米汤

菌菇丝瓜汤

P096　　　　　　　　P100

营养鱼丸菠菜汤

满满都是营养

中 | 20分钟 | 低

主料	配料
龙利鱼柳 / 300 克	盐 / 1/ 茶匙
菠菜 / 60 克	白糖 / 1/4 茶匙
鸡蛋 / 1 个	白胡椒粉 / 1/2 茶匙
葱 / 20 克	
姜 / 10 克	

P.S.

鱼丸很容易熟，煮 1 分钟左右即可。一次可以多做些，控
水，放凉后冷冻即可。

做法

1　龙利鱼柳洗净，用厨房纸巾吸干水分，切段。菠菜洗净，取一半
　　切小段，另一半备用。

2　葱切段，姜切片，与龙利鱼段、菠菜段一起放入料理机中，搅拌
　　成鱼泥。

3　搅拌好的鱼泥中加入鸡蛋、盐、白糖和白胡椒粉，搅拌两三分钟
　　至上劲。

4　锅中烧开水，放入剩下的菠菜煮 1 分钟。

5　大火烧开，转小火，用手将鱼泥挤出丸子下锅。

6　小火煮至鱼丸漂起、变大，加盐调味即可。

苗条
笔记

龙利鱼柳没有鱼腥味且没有刺,口感非常顺滑,
很适合拿来做鱼丸。每次多做些,速冻起来,
想吃的时候煮一碗,可比外卖健康许多!

茼蒿大馄饨

亲手包的最实在

主料

茼蒿 / 300 克

猪肉末 / 150 克

大馄饨皮 / 12～15张

生姜 / 20 克

配料

盐 / 1 茶匙

生抽 / 2 茶匙

白胡椒粉 / 1/4 茶匙

料酒 / 1 茶匙

P.S.

在包馄饨的时候，最简单的包法是先将馄饨皮在三分之一处对折，再对折，两头捏在一起即可。若馄饨皮黏性一般，可蘸一点水，增加黏度。

做法

1 茼蒿洗净；锅中烧开水，放入茼蒿焯水，捞出，挤干水分，切碎。

2 生姜切末，与料酒、生抽、盐放入猪肉末中。

3 加一点点水，搅拌上劲。

4 搅拌好的猪肉馅中放入茼蒿碎，再次搅拌均匀。

5 取一张馄饨皮，放上馅料，包起。

6 锅中烧开水，放入包好的馄饨，煮至馄饨浮起即可。

7 碗底放入盐、生抽、白胡椒粉，舀入煮好的馄饨即可。

苗条
笔记

不同于南方精致的小馄饨，北方的大馄饨馅料丰富、个大实在。为了更好地控制热量，我们选择了最经典的菜肉馄饨，有菜有肉，完美地控制了碳水化合物与蛋白质的配比。

深夜食堂的味道

白酒花蛤

中 | 20分钟 | 低

主料

花蛤 / 500 克

白酒 / 50 毫升

配料

干辣椒 / 2 个

大蒜 / 2 瓣

小葱 / 2 根

生抽 / 2 茶匙

食用油 / 适量

香油 / 少许

P.S. /

买回来的花蛤泡在香油水里 30 分钟，能帮助花蛤吐干净沙子。

做法

1　将花蛤泡在水中，滴几滴香油。

2　将吐干净沙子的花蛤洗净，控干水分。

3　小葱洗净，切末。

4　炒锅烧热，倒油，放入大蒜和干辣椒炒香。

5　加入花蛤翻炒，倒入白酒煮开。

6　待花蛤全部张开后，放入生抽、葱末，小火再煮 1 分钟即可。

苗条笔记

有时候，一道简单的料理，却能在心里留下深深的痕迹。对我来说，白酒花蛤就是如此。不需要高难度的烹饪手法、精致的食材，就是这些普通的材料，才最能击中心灵！

鸡肉丸子汤

鸡肉的花样做法

中 | 25分钟 | 低

主料

鸡胸肉 / 250 克

大葱 / 20 克

生姜 / 3 片

菠菜 / 30 克

配料

盐 / 1/2 茶匙

白胡椒粉 / 1/4 茶匙

料酒 / 1 茶匙

P.S.

将搅拌好的肉泥放冰箱冷冻，是为了后期能更好地搓出丸子形状。

做法

1 大葱洗净，切末；鸡胸肉洗净，切小块。

2 将切好的鸡胸肉、大葱和生姜放到料理机中打成肉馅。

3 肉馅中放入料酒、盐，反复搅拌至上劲。

4 将搅拌好的鸡肉泥放入冰箱冷冻 10 分钟。

5 取出鸡肉泥，搓成圆圆的丸子。

6 锅中烧开水，放入丸子，小火煮 3 分钟。

7 待丸子全部漂起，放入择洗净的菠菜再煮 1 分钟。

8 碗底放上白胡椒粉和盐，舀入煮好的菠菜丸子汤即可。

苗条 ·笔记 各种汤汤水水，大概是减脂期最喜欢吃的了。把想吃的食物煮在一起，还能喝到鲜美的汤汁。与传统的猪肉丸子不同，这里我们用的是更加低卡的鸡肉丸子！

清蒸鲈鱼
简单却鲜美

主料

鲈鱼 / 1 条

葱丝 / 20 克

生姜 / 5 片

配料

盐 / 1 茶匙

料酒 / 1 茶匙

蒸鱼豉油 / 1 汤匙

食用油 / 适量

P.S.

在鲈鱼背部划几刀，均匀涂抹上盐，腌制片刻，能更好地入味。

做法

1 鲈鱼洗净，去除内脏和鱼鳍。

2 用厨房纸巾吸干水分，在鱼背上斜着划几刀。

3 将生姜片塞在鱼肚子中，表面涂抹上盐和料酒，腌制 15 分钟。

4 蒸锅烧开水，放入腌制好的鲈鱼，中小火蒸 12 分钟。

5 倒掉蒸鲈鱼时的汁水，撒上葱丝，淋上蒸鱼豉油。

6 热锅冷油，待油烧热后浇在鱼身上即可。

苗条笔记

我认为清蒸鲈鱼是最简单、最快手的一款鱼类料理！没有复杂的制作过程、没有难以去除的鱼腥味，简单的操作就能得到一盘鲜嫩爽滑的河鲜大餐！

养生参鸡汤

无法抗拒的一锅汤

中 | 90分钟 | 低

主料

人参 / 4 根
童子鸡 / 1 只
糯米 / 20 克

配料

红枣 / 5 个
姜片 / 2 片
盐 / 1 茶匙

P.S.

鸡汤一定要撇去浮沫再小火煮，喜欢喝汤的可以选择大锅，
多加一些水。

做法

1　童子鸡洗净，去头去尾去内脏，剁掉鸡爪。

2　糯米提前 1 小时泡水。

3　将姜片、红枣和糯米塞进童子鸡中。

4　用牙签封口，防止食材漏出来。

5　将童子鸡放入锅中，加入人参，加水没过食材，大火煮开。

6　煮开后撇去浮沫，转小火炖 1 小时。

7　在起锅前加盐调味即可。

苗条笔记 这是一款韩餐店热门汤品，营养又美味。煮好的鸡汤味道鲜浓、鸡肉滑嫩、糯米软烂。没有什么比在寒冷的冬季喝一锅参鸡汤更温暖的事情了吧！

大海的味道

冬瓜虾米汤

中 | 30分钟 | 低

主料

冬瓜 / 300 克

虾米 / 10 克

配料

盐 / 1/2 茶匙

小葱 / 2 根

橄榄油 / 适量

P.S.

判断冬瓜煮熟的最明显标志就是冬瓜片变得透明，不发白了。此时加盐调味即可出锅。

做法

1　冬瓜去皮，切成块。

2　小葱洗净，切末。

3　虾米提前用水泡开，清洗干净。

4　热锅冷油，放入冬瓜片炒香。

5　在锅中加入清水烧开，加入虾米。

6　小火煮 20 分钟，加盐调味。

7　出锅前撒上葱花即可。

苗条
笔记

这绝对是一道减脂期必备汤品了，低卡又清爽。冬瓜搭配鲜香的虾米，每一口都让你仿佛置身于神秘的海底世界，快来试试吧。

中 | 100分钟 | 低

苗条笔记 蒸的最大魅力，就是不用在明火前汗流浃背地翻炒。把处理好的食材放进蒸锅中，静静等待就好。换一种烹饪方式，让我们在高温天里也吃得舒服一些吧！

主料

鸡腿 / 2个

鲜香菇 / 6朵

配料

料酒 / 1茶匙

生抽 / 1汤匙

蚝油 / 1茶匙

老抽 / 1/2茶匙

淀粉 / 1茶匙

盐 / 1茶匙

做法

1 鸡腿洗净，去除骨头，切小块。

2 鸡腿肉中加入料酒、生抽、蚝油、老抽、盐和淀粉，搅拌均匀。

3 搅拌好的鸡腿肉盖上一层保鲜膜，放入冰箱冷藏腌制 1 小时。

4 香菇洗净，去蒂，切块。

5 将香菇和腌好的鸡腿肉搅拌均匀。

6 蒸锅烧开水，放入香菇鸡腿肉，小火蒸 30 分钟即可。

P.S.

鸡腿剔骨的方式很简单，用刀在鸡腿的尾部划一刀，切断皮和筋，再贴着骨头慢慢将肉和骨头分离即可。

红豆栗子粥

暖暖的味道

中 | 90分钟 | 低

苗条笔记

栗子正当季，加一些红豆和红糖，煮一锅暖暖的粥吧！用甜甜的粥换来美美的心情，一碗下肚，暖心又暖胃！

主料

红豆 / 50 克

大米 / 30 克

栗子 / 10 颗

配料

红糖 / 1 茶匙

红枣 / 3 颗

P.S.

若忘记提前浸泡红豆，可以用清水煮红豆，水开后关火闷3分钟。这样连续操作三四次即可。

做法

1　红豆洗净，用温水提前一晚浸泡。

2　栗子洗净，在顶部划十字。

3　锅中烧开水，放入栗子煮熟，捞出，去皮，保留栗子肉。

4　大米、红豆、栗子和红枣放入锅中，加水，水与米的比例是 7∶1。

5　大火烧开，转小火煮至粥黏稠、红豆软烂。

6　放入红糖，搅拌均匀即可出锅。

菌菇丝瓜汤

谁说素食汤不好喝

中 | 20分钟 | 低

主料

丝瓜 / 1 根

蟹味菇 / 50 克

金针菇 / 20 克

鲜香菇 / 4 朵

口蘑 / 4 颗

配料

盐 / 1/2 茶匙

小葱 / 2 根

P.S.

丝瓜不要用削皮器削皮，用勺子轻轻刮去外皮，这样煮出来的丝瓜不仅美观，口感也好。

做法

1　丝瓜洗净，用勺子轻轻刮去外面的皮，切成滚刀块。

2　蟹味菇、金针菇洗净，去除根部；香菇、口蘑去蒂，切块。

3　小葱洗净，切末。

4　锅中烧开水，放入丝瓜和菌菇，大火煮开。

5　转小火煮 5 分钟。

6　出锅前加盐调味，撒上葱花即可。

苗条
笔记

光看食材就能感受到这款汤的鲜美，忙碌的工作日晚上，也不要委屈了自己的胃口。来一碗10分钟搞定的快手鲜美汤吧！

奶油蘑菇汤

被奶香缠绕的幸福感

高 | 30分钟 | 低

主料
口蘑 / 6 颗
培根 / 3 片

配料
奶油 / 30 毫升
黄油 / 20 克
面粉 / 20 克
盐 / 1/4 茶匙
白胡椒粉 / 1/4 茶匙
橄榄油 / 少许

P.S.

炒完面粉后一定要加凉水，加热水就会成面疙瘩。煮好的汤羹要赶快喝，放久了会变黏稠。

做法

1　口蘑洗净，切片；培根切成跟口蘑一样大小的片。

2　热锅冷油，加入口蘑和培根，炒香盛出。

3　另取一锅烧热，放入黄油融化，倒入面粉炒出香味。

4　倒入 500 毫升左右凉水，不断搅拌。

5　待汤汁浓稠时加入培根和口蘑，搅拌均匀。

6　再次开锅时倒入奶油，搅拌均匀。

7　出锅前加盐和白胡椒粉调味即可。

102

苗条
笔记

这道经典的西式浓汤制作过程远比想象的简单。炒香的蘑菇和培根搭配淡奶油，满口奶香，绝对是秋冬必备的暖心汤品。

酸萝卜老鸭汤

家乡的味道

高 / 90分钟 / 低

主料

老鸭 / 半只

酸萝卜 / 1个

配料

泡姜 / 4片

小米辣 / 2个

大葱段 / 2段

花椒 / 适量

料酒 / 1茶匙

盐 / 1/2茶匙

橄榄油 / 少许

P.S.

老鸭的腥味比较大，炒之前一定要先焯水，去除鸭肉的油脂和腥味。炖汤的水量要一次加足，二次加水会影响口感。

做法

1　酸萝卜切成3厘米左右的条。

2　老鸭洗净，去除内脏，切块。

3　鸭肉凉水下锅，放入葱段煮开，撇去浮沫，煮2分钟。

4　将煮好的鸭肉捞出，沥干。

5　热锅冷油，放入酸萝卜、小米辣和泡姜炒香。

6　放入鸭肉继续煸炒，加水没过鸭肉大约3厘米。

7　放入花椒和料酒，大火烧开，转小火炖1小时。

8　出锅前撒上盐即可。

苗条
笔记

酸萝卜老鸭汤是渝菜系中经典的炖品。吃一口浸满了酸萝卜香气的鸭肉，喝一口饱含老鸭浓郁味道的汤品，这种魅力，你能抵抗得住吗？找出砂锅，煲上一锅吧！

 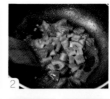 

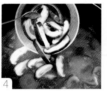 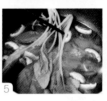 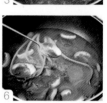

经典的美味
田园蔬菜汤

🍲 中　⏱ 25分钟　📊 低

主料
胡萝卜 / 1/3 根

番茄 / 1 个

香菇 / 3 朵

菠菜 / 20 克

配料
浓汤宝 / 1 块

香油 / 少许

橄榄油 / 少许

P.S.

如果没有自制的鸡高汤或者排骨高汤，可以用一块浓汤宝代替。浓汤宝本身是有盐的，因此可根据自身口味适量加减调味料。

做法

1　胡萝卜洗净，切片；番茄洗净，切块；香菇去蒂，切片；菠菜洗净，去根。

2　热锅冷油，放入番茄块煸炒出汁。

3　加入水煮开，放入 1 块浓汤宝，小火煮 2 分钟。

4　加入胡萝卜、香菇，继续煮 10 分钟。

5　煮至汤汁浓郁，加入菠菜煮熟。

6　出锅前淋上几滴香油即可。

苗条笔记　想做一碗清香爽口的蔬菜汤，没有高汤也没关系，可以巧用厨房小帮手——浓汤宝。一道含有多种维生素的快手汤品，分分钟上桌，还不快盛一碗？

CHAPTER 4
×

健康
活力篇

好的气质并不在于你穿多
么好看的衣服，也不用追求
模特般的身材；好的气质，
来自于身体的健康和活力。

健康有活力意味着什么

✕

就趁现在吧，
如果不努力去拼一把，
你永远都不知道自己有多强大

健康意味着什么？只要不去医院就是健康？健康意味着我们拥有充沛的体力、敏捷的大脑、良好的睡眠、平坦的小腹、自信的笑容……

如果恰好相反，你的思维出现混乱、不时感到情绪低落，若非其他原因，那么就请关注一下自己的饮食吧。看看自己吃下去的是新鲜健康的食物，还是毫无营养的垃圾食品？

我们应该学会为了摄取营养而好好吃饭，让你的身体、器官、甚至一个小小的细胞都能吸收到养分，这样的你才会越来越健康、越来越美丽！

推荐菜品

三文鱼波奇饭

燕麦能量块

P144

P146

蛋白质就是力量

慢慢地你会发现，
蛋白质便是你的力量源泉

　　谈到蛋白质会想到什么？鸡蛋？牛奶？肉制品？蛋白质由氨基酸组成，是组成人体一切细胞、组织的重要成分，对人体至关重要，因此蛋白质也常常被称为生命的基石。

　　你摄入体内的蛋白质都将被分解成氨基酸，来帮助身体形成肌肉、增长力量，这也是为什么说"蛋白质就是力量"的原因。

　　蛋白质能帮助我们完成许多事情，它会帮助我们滋养身体。如果希望自己更加强壮、更加健康，那就要确保每天摄入蛋白质。

推荐菜品

健康素蒸饺

P118

豆腐馄饨

P126

完善你的蛋白质来源

✕

健康，
是我们一生都在追求、
向往的目标

我们能从动物性食物中得到优质的蛋白质，如畜肉、禽类、牛奶和鱼；也能从植物性食物中获取蛋白质，比如大豆、坚果等。与动物性食物中的蛋白质不同，植物性食物中的蛋白质所含有的氨基酸组成不同。若能把动物性食物和植物性食物结合在一起吃，就能获得较为完善的蛋白质。例如墨西哥卷饼，除了肉类，还会在饼中放入一些豆子，荤素搭配，构建完善的蛋白质组合。

推荐菜品

奶酪蘑菇开放三明治

P128

牛奶红枣窝窝头

P136

学会选择
复合碳水化合物

✕

人生就是不断选择的过程，
每一种选择都会带你看到不同的风景

　　减脂期最难的是什么？可能有人会说是戒掉碳
水化合物。其实，一些天然食物中所含的碳水化合物
是不用戒掉的，它们属于复合碳水化合物，在人体内
要经过较长时间的分解才能转化为热量，因此不容易
导致长胖。比如你可以喝一碗燕麦粥、吃一根煮玉米，
不用担心体重问题。需要戒掉的是经过加工的精米白
面，这些食物富含简单碳水化合物，很容易被消化吸
收，转化为热量，例如比萨饼皮、大米饭、白面条等。

　　复合碳水化合物能从粗粮、蔬果中找到，比如苹
果、菠菜、红薯、糙米、荞麦等，它们能让我们变得
精力充沛，为我们提供持久的能量。

推荐菜品

青酱能量意面

菠菜手擀面

P122

P138

绿巨人的逆袭

菠菜意面

中 | 25 分钟 | 低

主料
意面 / 150 克
菠菜 / 60 克

配料
大蒜 / 5 瓣
牛奶 / 适量
盐 / 1/2 茶匙
黑胡椒碎 / 适量
黄油 / 适量

P.S.

菠菜不焯水，直接加入牛奶搅打，可以保持鲜艳的颜色。
若喜欢味道更加浓郁的，可以再加入适量的淡奶油。

做法

1　锅中烧开水，放入一点盐，加入意面煮 10 分钟。

2　菠菜洗净，去根，放入料理机中，加入适量牛奶，打成菠菜碎。

3　大蒜剥皮，切片。

4　热锅放入黄油，加入蒜片炒香，倒入菠菜牛奶汁。

5　加入煮好的意面，撒上盐和黑胡椒碎。

6　反复翻炒至汤汁收干即可。

苗条笔记 这款意面完美地解决了你不喜欢吃蔬菜的困扰。打碎的菠菜与意面在一起，不仅升华了味道，口感也更加富有层次。清爽的意面谁不爱？

健康素蒸饺

此时无肉胜有肉

主料	配料
中筋面粉 / 100 克	盐 / 1 茶匙
鸡蛋 / 2 个	十三香 / 适量
胡萝卜 / 半根	橄榄油 / 少许

P.S.

因为蒸饺的皮是用开水做的烫面皮，所以蒸的时间不宜过长，一般 8~10 分钟即可。

做法

1. 100 克中筋面粉倒入盆中，加入 60 毫升开水迅速搅匀。将面粉和成面团，盖好，醒发 30 分钟。
2. 鸡蛋打入碗中搅成蛋液。
3. 平底锅烧热，倒橄榄油，将鸡蛋炒散盛出。
4. 胡萝卜洗净，擦成细丝，再剁碎。
5. 鸡蛋碎和胡萝卜碎放入大碗中，加入盐和十三香，搅拌均匀。
6. 案板上撒上面粉，将面团揉匀，分成小剂子，擀成皮。
7. 放入饺子馅，捏紧。
8. 将包好的饺子放入蒸锅中，大火烧开，转小火蒸 8 分钟即可。

苗条
笔记

简简单单的素蒸饺，皮薄馅大，味道
不输肉馅饺子。再也不用担心吃肉馅
饺子会长胖啦！

番茄鸡蛋水饺

满口惊艳的味觉享受

高 | 60分钟 | 低

主料	配料
中筋面粉 / 100 克	盐 / 1 茶匙
鸡蛋 / 2 个	白糖 / 2 茶匙
番茄 / 1 个	油 / 适量

P.S.

因为番茄切块之后会出汁，包的时候动作一定要快一些。

做法

1 100 克中筋面粉倒入盆中，加入 55 毫升水迅速搅匀，将面粉和成面团，盖好，醒发 30 分钟。

2 鸡蛋打入碗中搅成蛋液；平底锅烧热，倒油，将鸡蛋炒散盛出。

3 番茄洗净，顶部划十字，放入开水中烫几秒，去皮。

4 番茄切丁，将切好的番茄丁攥去水分。

5 将鸡蛋碎和番茄丁放入大碗中，加入盐和白糖，搅拌均匀。

6 案板上撒上面粉，将面团揉匀，分成小剂子，擀成皮。

7 放入饺子馅，捏紧。

8 锅中烧开水，放入饺子煮沸腾，再加一次水，煮至饺子皮透明即可。

苗条
笔记

将经典的番茄炒蛋当做饺子馅是种什么样的体验？
看似有些黑暗的料理，其实味道却很棒！番茄鸡蛋
原来真的可以拯救一切！

高
25分钟
低

主料
意面 / 150 克
罗勒叶 / 100 克
菠菜 / 30 克
洋葱 / 1/4 个

配料
松子仁 / 10 克
盐 / 1/2 茶匙
橄榄油 / 100 毫升
黑胡椒碎 / 适量

P.S. /

在罗勒酱中加入菠菜一起搅打，是为了保证酱汁翠绿的
颜色。

做法

1　锅中烧开水，放入一点点盐，加入意面煮 10 分钟。

2　罗勒只保留叶子，去掉梗，洗净，挤干水分。

3　菠菜洗净，去根，挤干水分。

4　将罗勒叶、菠菜、松子仁和橄榄油放入料理机中打成酱汁，加盐，
　　搅拌均匀。

5　打好的酱汁静置一会儿，待油泥分离，只保留泥。

6　洋葱去皮，切末；热锅冷油，将洋葱末放入锅中炒香。

7　倒入煮好的意面，加盐和黑胡椒碎炒匀。

8　离火，倒入打好的罗勒酱，搅拌均匀即可。

苗条
笔记

如果你也喜欢吃意面、你也爱罗勒的清香，那就一定要试试这款青酱能量意面。看似复杂的做法，上手却非常简单，做好后，空气中都弥漫着罗勒的香气！

番茄宽意面

感受宽意面的魅力

高 — 25 分钟 — 低

主料

宽意面 / 150 克

番茄 / 1 个

洋葱 / 1/2 个

口蘑 / 6 颗

配料

番茄酱 / 2 茶匙

盐 / 1/2 茶匙

黑胡椒碎 / 适量

橄榄油 / 少许

P.S.

宽意面煮制的时间要根据意面自身的情况调整，煮5～15分钟不等，煮的过程中可以尝一下。

做法

1 番茄洗净，顶部划十字，放入开水中烫几秒，去皮。

2 番茄切丁。

3 洋葱去皮，切丁；口蘑洗净，切片。

4 锅中烧开水，放入意面煮10～15分钟。

5 热锅冷油，炒香洋葱，放入番茄，小火炒出汁。

6 加入番茄酱、盐、黑胡椒碎搅拌均匀，放入口蘑翻炒。

7 放入煮好的意面，搅拌均匀即可。

苗条
笔记

相较于传统的细意面，宽宽的意面口感更加丰富。
每一根面都能浸满酱料的味道，嗦一口，满口香气。
减脂期也要记得好好吃饭呀！

豆腐馄饨

豆腐的别样做法

主料

馄饨皮 / 15 个

北豆腐 / 200 克

胡萝卜 / 20 克

榨菜 / 30 克

配料

盐 / 1/2 茶匙

十三香 / 适量

香油 / 2 茶匙

P.S.

在包馄饨的时候，要用水黏合一下。因为是素馅，所以煮的时间不宜过长。

做法

1　将北豆腐用重物压 20 分钟，把水分压出去。

2　胡萝卜洗净，去皮，用擦丝器擦成细丝；北豆腐捏碎，榨菜剁碎，将所有食材拌均匀。

3　接着加入香油、盐和十三香拌匀。

4　取一张馄饨皮，两端涂抹一些水，放上馅料。

5　将馄饨皮对折再捏紧，依次包好剩下的馄饨。

6　锅中烧开水，下入馄饨，煮开后再煮 1 分钟即可。

苗条
笔记

豆腐馄饨大家吃过吗？软嫩的豆腐与香甜的胡萝卜交融在一起，煮好后还透露出浅浅的红色，视觉和味蕾都能得到满足！

被解放的三明治

奶酪蘑菇开放三明治

中 | 15分钟 | 低

主料

切片欧包 / 2 片

鸡蛋 / 2 个

口蘑 / 4 颗

牛油果 / 半个

配料

马苏里拉奶酪 / 适量

盐 / 1/4 茶匙

黑胡椒碎 / 适量

黄油 / 10 克

沙拉酱 / 适量

P.S.

买回来的欧包可以直接切片分装好，如果不是立即吃，可以放入冰箱冷冻保存。吃的时候提前一晚取出解冻，放入烤箱加热即可。

 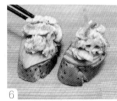 

做法

1　切片欧包放入烤箱，180℃加热 3 分钟。

2　鸡蛋打散至碗中，加入盐和黑胡椒碎，搅拌均匀。

3　口蘑洗净，去蒂，切片；牛油果取果肉，切片。

4　平底锅烧热，放入黄油，放入口蘑翻炒 1 分钟。

5　再倒入蛋液、马苏里拉奶酪，快速滑炒盛出。

6　在欧包片上摆上牛油果和蘑菇滑蛋即可。

7　可任意搭配自己喜欢的沙拉酱一起食用。

苗条
笔记

在欧包上摆上自己喜欢的食材，作为早午餐或者加餐都是很好的选择。赏心悦目又营养美味，快来试试吧！

芦笋烤鸡三明治

教你鸡胸不柴的秘诀

高 | 25分钟 | 低

主料

吐司 / 2 片

鸡胸肉 / 100 克

芦笋 / 6 根

胡萝卜 / 20 克

生菜 / 50 克

配料

蜂蜜芥末酱 / 2 茶匙

黑胡椒碎 / 适量

盐 / 1 茶匙

P.S.

煎鸡胸肉的时候不放油，小火先煎其中一面，中途不要翻面，煎好后再煎另一面。在煎至七成熟的时候取出，静置一会儿，利用鸡肉上的余温加热至全熟，这样做出的鸡胸肉鲜嫩不柴。

做法

1 鸡胸肉洗净，用厨房纸巾吸干水分。

2 鸡胸肉加入盐和黑胡椒碎，腌制 10 分钟。

3 芦笋洗净，去皮，切段；胡萝卜洗净，去皮，切与芦笋一样的长条；生菜洗净，控干水分。

4 平底锅烧热，不放油，放入鸡胸肉，小火煎 2 分钟。

5 翻面煎 2 分钟，盛出，静置 10 分钟。

6 锅中紧接着放入胡萝卜和芦笋，小火炒熟。

7 取一片吐司，依次放上生菜、鸡胸肉、芦笋、胡萝卜，挤上蜂蜜芥末酱。

8 盖上另一片吐司，对半切开即可。

苗条笔记

鸡胸肉是减脂期经常出现的食材，可如果烹制方法错误，会导致鸡胸肉口感很柴。用下面这种方法煎出的鸡胸肉鲜嫩多汁，拥有鸡腿般的口感，快来试试吧！

主料	配料
菠菜 / 200 克	盐 / 1 茶匙
鸡蛋 / 2 个	十三香 / 适量
胡萝卜 / 1 根	生抽 / 1 茶匙
虾仁 / 200 克	小葱 / 3 根
	玉米面 / 适量
	橄榄油 / 少许

P.S.

在裹玉米团子的时候要很耐心，边裹边用手攥紧，这个过程要反复四次以上，直到看不见馅料为止。

做法

1　菠菜洗净，去根，放入开水锅中焯 30 秒捞出，挤干水分，切段。

2　胡萝卜洗净，去皮，用擦丝器擦成细丝；小葱洗净，切成葱花；虾仁去虾线，切段。

3　鸡蛋打入碗中，搅成蛋液。平底锅烧热，倒油，将鸡蛋炒散盛出。

4　将菠菜、鸡蛋、胡萝卜、虾仁和葱花放入盆中，加入盐、十三香、生抽搅拌均匀。

5　取一小部分材料，放在手中捏成小圆球。

6　准备好玉米面和一碗水，将圆球依次放进玉米面和水中滚。

7　滚好的小圆球放在手中攥紧，反复 4 次左右。照此做完所有材料。

8　蒸锅烧开水，将玉米团子放入蒸锅，蒸 15 分钟即可。

苗条
笔记

这道玉米面菜团子应该是减脂期广受欢迎的主食之一了，低卡健康又饱腹。菠菜鸡蛋与虾仁的口感交相呼应，这也是少有的放在三餐中来吃都不违和的食物了！

低卡法式咸蛋糕

浓郁的法式风情

中 | 50分钟 | 低

主料

鸡蛋 / 2 个

牛奶 / 80 毫升

低筋面粉 / 140 克

土豆 / 1 个

培根 / 2 片

配料

橄榄油 / 2 茶匙

盐 / 1/2 茶匙

小苏打 / 1 茶匙

黄油 / 适量

P.S. /

这款咸蛋糕选用的模具是 24 厘米 ×12 厘米的磅蛋糕模具，大家可以依据自家的模具加减食材用量。

做法

1 土豆洗净，去皮，切成 3 厘米左右的块；培根切小块。

2 鸡蛋打散到盆中，加入牛奶、橄榄油、土豆和培根块，搅拌均匀。

3 另取一盆，放入低筋面粉、盐和小苏打，搅拌均匀。

4 把搅拌好的面粉倒入步骤 2 的材料盆中，用刮刀混合。

5 蛋糕模具表层涂一层融化的黄油，再均匀撒上低筋面粉。

6 将混合好的面糊倒入模具中，上下轻轻摔打，排出空气。

7 放入烤箱，180℃烘烤 30 分钟即可。

苗条笔记

法式咸蛋糕是法国很常见的家庭料理。由于做法简单，味道好吃，受到人们的欢迎。混在面糊里的食物可以依据个人口味来更换，这样的咸蛋糕无论是当做早餐或者午餐都非常不错！

牛奶红枣窝窝头

不一样的窝窝头

主料

牛奶 / 120 毫升

普通面粉 / 40 克

玉米面 / 150 克

红枣 / 30 克

配料

白糖 / 20 克

酵母 / 2 克

植物油 / 少许

P.S.

捏窝窝头的时候双手沾水，这样才不会粘连。

做法

1　红枣洗净，控干水分，去核，切小块。

2　牛奶、白糖与酵母搅拌均匀。

3　将牛奶液倒入玉米面和普通面粉，搅拌均匀。

4　加入红枣碎，再次搅拌。

5　将搅拌好的面糊抓成面团，放在温暖的地方发酵 1 小时。

6　双手沾水，将发酵好的面团做成窝头形状。

7　蒸锅放冷水，蒸屉上刷一层薄薄的油，放上窝窝头，盖上锅盖，静置 15 分钟。

8　蒸锅大火烧开，转中火蒸 12 分钟即可。

苗条
笔记

在大鱼大肉都富足的当下，窝窝头又重新回到了大众的视野。只因为它足够健康、低卡。在追求健康饮食的时代，不妨更换一下主食，来体会一下窝窝头的精彩吧！

菠菜手擀面

颜值是取胜的关键

中 | 90分钟 | 低

主料	配料
菠菜 / 100 克	盐 / 1/2 茶匙
中筋面粉 / 225 克	浇头 / 适量

P.S.

不同牌子的面粉吸水性不同，在和面的时候要感受一下面团的软硬度，较硬的面团擀出来的面条比较筋道。

做法

1 菠菜洗净，去根，放入开水中焯 30 秒，捞出，挤干水分。

2 将菠菜加 115 毫升水，放入料理机中打成菠菜糊。

3 取 125 毫升菠菜汁，加入盐，倒入中筋面粉中，和成面团。

4 盖好面团，醒发 30 分钟。

5 将醒好的面团放在案板上揉匀至光滑。

6 案板撒上一层面粉，将面团擀成大薄片。

7 面皮上撒面粉，折成扇页状，切成 1 厘米左右宽度的面条。

8 锅中烧开水，放入面条煮熟。

9 煮好的面条可以加入自己喜欢的酱料或浇头，拌匀食用。

138

苗条
笔记

绿油油的面条，看上去就让人胃口大开。吸溜上一大口，面条分外爽滑，口中还散发着菠菜的香气，仿佛吃到了整个春天！

夏日必备主食
酸辣荞麦面

中 | 20分钟 | 低

主料

荞麦挂面 / 120 克

鸡蛋 / 1 个

黄瓜 / 半根

配料

大蒜 / 2 瓣

陈醋 / 1 茶匙

盐 / 1/2 茶匙

生抽 / 1/2 茶匙

白糖 / 1/4 茶匙

辣椒油 / 1/2 茶匙

P.S.

将煮好的荞麦面放在冰水里浸泡能防止粘连，口感也更加筋道。

做法

1　鸡蛋冷水下锅，煮 15 分钟，将煮好的鸡蛋剥壳，对半切开备用。

2　另起一锅，烧开水，放入荞麦挂面，煮 3 分钟。

3　将煮好的荞麦挂面放入冰水中。

4　黄瓜洗净，切细丝；大蒜切末。

5　将蒜末、陈醋、盐、生抽、白糖、辣椒油和适量清水搅拌均匀，调成酱汁。

6　荞麦面盛入碗中，淋上酱汁，摆上黄瓜丝和煮鸡蛋即可。

苗条
笔记

炎热的夏季，来一碗开胃爽口的酸辣荞麦面吧！能
让你顿时胃口大开。健康饮食、适量运动，才会拥
有理想的身材和气质啊！快来一起吃碗面吧！

牛油果山药饭团

饭团君登场

中 / 30分钟 / 低

主料

糙米饭 / 120 克

牛油果 / 半个

山药 / 30 克

配料

寿司海苔 / 2 片

香油 / 适量

盐 / 1/2 茶匙

黑胡椒碎 / 适量

P.S.

为防止山药的黏液沾在手上发痒，削皮的时候要戴上手套。

做法

1　山药洗净，削皮，切小块，放入蒸锅蒸 15 分钟。

2　牛油果取果肉，切小丁。

3　蒸好的山药压成泥。

4　将煮好的糙米饭放入大碗中，加入山药和牛油果。

5　加入香油、盐和黑胡椒碎搅拌均匀。

6　用手捏成一个三角形饭团。

7　在底部贴上一片寿司海苔装饰即可。

苗条
笔记

吃腻了米饭？来尝试米饭的好兄弟饭团君吧！牛油果与山药的组合既营养又健康。手捧一块饭团的可爱的你，我好像已经看见了！

三文鱼波奇饭

网红低脂饭

中 | 45分钟 | 低

主料

大米 / 100 克

糙米 / 50 克

三文鱼 / 100 克

黄瓜 / 3 片

鸡蛋 / 1 个

寿司黄萝卜 / 20 克

牛油果 / 半个

配料

寿司酱油 / 1 茶匙

芥末 / 适量

P.S.

鸡蛋冷水下锅煮七八分钟，出来的效果就是溏心蛋，但煮好的鸡蛋一定不要心急剥壳，要在冰水中浸泡 15 分钟以上。

做法

1 将大米、糙米淘洗两遍。

2 将淘米水倒掉，放入电饭煲中，换上清水，清水与米的比例是 1.2 : 1。按下煮饭键煮熟。

3 鸡蛋冷水下锅，煮 7 分钟，捞出，放入冰水中浸泡。

4 三文鱼切片、黄瓜切片、寿司黄萝卜切丁、牛油果切片。

5 鸡蛋剥壳，对半切开。

6 寿司酱油和芥末放入碗中，搅拌均匀成酱汁。

7 米饭盛入碗中，依次摆放三文鱼、牛油果、寿司黄萝卜、黄瓜和鸡蛋。

8 淋上酱汁即可食用。

苗条
笔记

喜欢吃三文鱼又担心吃不饱？这款饭绝对是三文鱼爱好者的福音，全程不需要开火，味道却非常鲜美，口感也富有层次。

燕麦能量块

小小身材大大能量

苗条笔记

减脂期不能吃零食，可嘴巴又很馋？来试试这款低卡饱腹的能量块吧！忙碌的早餐来一杯牛奶，一根燕麦棒，也能为紧张的上午时光增添很多能量呢！

主料

生燕麦 / 120 克

混合坚果 / 100 克

蔓越莓干 / 20 克

配料

蜂蜜 / 60 克

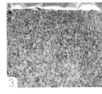

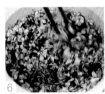

做法

1　将比较大的坚果先切成小块，如核桃、杏仁等。

2　烤盘中铺上一层锡纸，把生燕麦均匀铺在上面。

3　烤箱提前预热，放入生燕麦，180℃烘烤 15 分钟。

4　取出烤好的燕麦，放入混合坚果和蔓越莓干，混合在一起。

5　奶锅烧热，倒入蜂蜜，小火加热至冒泡，立即关火。

6　将燕麦坚果倒入奶锅中，快速搅拌混合。

7　取一个容器，铺上一层烘焙用纸，放上搅拌好的燕麦，用力压平。

8　放入冰箱冷藏 4 小时以上，取出切块即可。

P.S.

在压燕麦的时候一定要使劲压，这样后期形成的能量棒才更加紧实。

CHAPTER 5

×

欺骗餐篇

善意地欺骗一下身体，做一顿好吃、饱腹又不长肉的大餐让自己满足一下。减肥这件事，也是需要讲究战术的。

并非所有的脂肪都应该被避免

女孩，
请学会聆听自己内心的声音，
适合自己的，才是最好的

　　一直以来，我们都在将脂肪妖魔化，好像所有的脂肪都是让我们长胖的罪魁祸首。当然不可否认，有些脂肪，例如反式脂肪酸，因为容易导致肥胖、冠心病，增加血液黏稠度等，从而让人谈"脂"色变。但还有些脂肪是有益于身体健康的，我们应该学会辨别。

　　例如不饱和脂肪酸，会为我们提供能量、保证细胞的正常生理功能、有助于促进新陈代谢，还会帮助身体吸收维生素等营养物质。鱼类、坚果、橄榄油、牛油果等都富含不饱和脂肪酸。

　　但我们仍需注意，任何事物都勿贪多。日常饮食中，我们应该避免摄入过多脂肪，注意保持营养均衡。就像生活中的其他事物一样，如果拥有得太多，就会过犹不及！

推荐菜品

椒盐香煎带鱼

P176

味噌烤鳕鱼

P178

我们喜欢的脂肪

×

重新和它们做朋友，
要知道它们不是魔鬼

脂肪并不都是大坏蛋，有些还会帮
助我们塑造更好的自己！例如不饱和脂
肪酸，我们的身体无法创造它们，但是
却需要它们，因此只能通过饮食来获得。

不饱和脂肪酸分为两类：单不饱和
脂肪酸和多不饱和脂肪酸。多不饱和脂
肪酸大多存在于深海鱼类、某些植物油、
坚果中，单不饱和脂肪酸主要存在于山
茶油、棕榈油、橄榄油及牛油果中。

如前文所述，不饱和脂肪酸的好处
多多，选对了脂肪，不仅能帮助我们在
减脂的道路上事半功倍，也能让我们拥
有更健康的身体！

推荐菜品

孜然秘制鸡胸

P157

杏鲍菇牛肉粒

P172

给你一个放纵的理由

×

"欺骗餐"让减脂期不再难熬

减脂又健康的食物固然对我们的身体有益处，但有时难免也会馋，也会想吃一些热量稍高的食物。这个时候欺骗餐就登场啦！欺骗餐，顾名思义就是食用之后能够以某一种形式来"欺骗"我们的身体，使我们产生满足感，从而在减脂的道路上更好地走下去。

正确食用欺骗餐，能为我们的减脂起到事半功倍的效果。长时间食用低热量的食物会让代谢速度变慢，此时来一顿欺骗餐，让新陈代谢继续充满活力，对减脂也起到了促进的作用。

但欺骗餐相较于减脂餐热量毕竟会多一些，因此不要太频繁食用。此外，请记住欺骗餐只是一顿饭，切记不要吃成"欺骗日"。

推荐菜品

迷迭香烤鸡腿

P156

香煎鸡胸藕饼

P175

满满的能量

姬松茸糙米焖饭

主料

大米 / 200 克

姬松茸 / 50 克

豆芽 / 20 克

配料

盐 / 1/2 茶匙

生抽 / 1 茶匙

橄榄油 / 少许

P.S.

在焖饭过程中，姬松茸会释放出一些水分，所以煮饭的水
量要比平常少一些。

做法

1   将大米放入碗中，淘洗两遍。

2   淘洗干净的米放入电饭锅内胆，加入清水没过食材，浸泡 30 分钟。

3   姬松茸洗净，切片；豆芽择洗干净。

4   炒锅烧热，倒油，放入姬松茸和豆芽翻炒。

5   加入盐和生抽，炒熟盛出。

6   将淘米水倒掉，换上清水，清水与米的比例是 1.1 : 1。

7   将炒好的姬松茸豆芽放入淘洗好的米中，搅拌均匀。

8   按下煮饭键，煮熟后拌匀即可。

苗条
笔记

节省时间、做法简单，还能饱腹的料理非焖饭莫属了！有饭有菜，一口下去，材料满满！滑嫩的姬松茸搭配爽脆的豆芽，每一口都是绝佳的享受！

带给你大口吃肉的满足感
迷迭香烤鸡腿

🍲 高　⏱ 45分钟　🔥 低

主料

鸡腿 / 250 克

柠檬 / 半个

大蒜 / 1 瓣

配料

海盐 / 1 茶匙

迷迭香 / 适量

黑胡椒碎 / 1/2 茶匙

百里香 / 适量

橄榄油 / 少许

P.S.

烤制鸡腿的时间不宜太长，否则水分流失会让鸡肉变柴。百里香和迷迭香的用量按照个人喜好，一般5~10克即可。

做法

1　鸡腿洗净，用刀划上几刀。

2　柠檬洗净，切薄片；大蒜去皮，切末。

3　鸡腿放入烤盘中，均匀撒上海盐、黑胡椒碎，淋上橄榄油，涂抹均匀。

4　边腌制边给鸡肉按摩5~8分钟。

5　将柠檬、大蒜、百里香和迷迭香放在鸡腿上。

6　烤箱提前预热，放入鸡腿，180℃烤30分钟即可。

苗条笔记　鲜嫩多汁、清爽入味的鸡腿谁不爱？用迷迭香来代替那些热量高的调料，却多增加了一份香气！"欺骗餐"也能很健康，快来试试吧！

  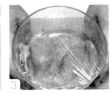
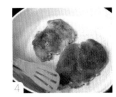  

吃出烧烤味
孜然秘制鸡胸

中 | 85 分钟 | 低

主料
鸡胸肉 / 1 块

配料
孜然 / 1 茶匙
盐 / 1/2 茶匙
蚝油 / 1/2 茶匙
橄榄油 / 少许

做法

1 鸡胸肉洗净，用厨房纸巾吸干水分，横着片成两半。

2 鸡胸肉中加入孜然、盐、蚝油和橄榄油，涂抹均匀。

3 盖上一层保鲜膜，放入冰箱冷藏腌制 1 小时。

4 平底锅烧热，不放油，放入鸡胸肉小火煎 2 分钟。

5 翻面再煎 2 分钟，中途不要随意翻面。

6 将煎好的鸡胸肉取出静置 10 分钟，切块即可。

P.S.

要想鸡胸肉鲜嫩不柴，在煎到七成熟的时候取出，利用鸡肉上的余温给自身加热至全熟，此时的鸡胸肉最鲜嫩。

苗条笔记

这是一道名副其实的欺骗餐了！用特殊方法制作的鸡胸，让人吃出了鸡腿的感觉，结合孜然和其他调料，味道顶呱呱！在减脂期吃烧烤，谁说不可能？

最简单的鲜虾做法

海盐胡椒虾

中 | 40分钟 | 低

苗条
笔记

油焖大虾热量高？那就快来试试这款海盐胡椒虾吧，保准让你边吃边嘬手指头。用烤的方式代替油炸，更健康也更简单！

 1
 2
 3
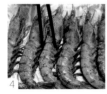 4
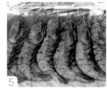 5

主料

阿根廷红虾 / 6 只

配料

海盐 / 1 茶匙

黑胡椒碎 / 1/2 茶匙

橄榄油 / 少许

做法

1　红虾洗净，去除虾线。

2　撒上海盐和黑胡椒碎涂抹均匀，腌制 20 分钟。

3　烤盘上铺上一层锡纸，淋上橄榄油。

4　将腌制好的红虾放在烤盘上。

5　烤箱提前预热，放入红虾，200℃烤 15 分钟即可。

P.S.

烤制红虾的盐建议用海盐，海盐不会有苦涩的味道，更能激发出虾的鲜甜。

中 | 15分钟 | 低

鲜嫩牛排

在家还原餐厅美味

苗条笔记

越简单的调料往往越能激发食物最本真最美好的味道，这道牛排就是如此。不需要过多装饰，15 分钟就能搞定这款比餐厅里还美味的牛排。

CHAPTER 5

欺骗餐篇

主料

牛排 / 1 块

配料

大蒜 / 4 瓣

百里香 / 适量

黄油 / 10 克

海盐 / 1/2 茶匙

黑胡椒碎 / 适量

P.S.

若牛排是从冰箱取出的，一定要在室温下先静置20 分钟再做料理，否则做的时候容易煳。

做法

1　将海盐和黑胡椒碎均匀涂抹在牛排身上，腌制 5 分钟。

2　大蒜剥皮，一切为二。

3　铸铁锅烧热，待冒烟的时候放入黄油，然后立即放入牛排。

4　放入百里香和大蒜，单面先煎 2 分钟。

5　翻面再煎 2 分钟，取出煎好的牛排静置 5 分钟。

6　再切开食用即可。

咖喱能拯救一切不开心
咖喱炖蔬菜

🍚中 | ⏱35分钟 | 低

主料

西蓝花 / 40 克

土豆 / 1 个

胡萝卜 / 半根

内酯豆腐 / 100 克

配料

咖喱块 / 2 块

淡盐水 / 适量

P.S.

西蓝花很容易煮熟，最后时刻放入就可以。否则煮的时间过长，口感就丧失了！

做法

1 西蓝花分成小朵，在淡盐水中浸泡 30 分钟后洗净。

2 胡萝卜、土豆洗净，去皮，切成小块。

3 内酯豆腐切块。

4 锅中烧开水，放入土豆和胡萝卜煮 20 分钟。

5 加入豆腐和咖喱块，煮至咖喱块完全溶化。

6 加入西蓝花小火煮 1 分钟即可。

苗条笔记 能拯救一切食材的咖喱君终于登场了，这道料理的最大魅力就是你明明吃的是维生素满满的蔬菜，但却感觉自己在吃肉。让你拥有吃肉快感的菜肴，快试试吧！

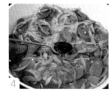 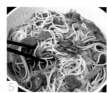 

快手意面
拿波里意面

🍲 中 | ⏱ 15 分钟 | 🔥 低

主料

意大利面 / 100 克

青椒 / 1 个

洋葱 / 1/4 个

火腿 / 2 个

配料

番茄酱 / 2 茶匙

橄榄油 / 少许

黑胡椒碎 / 适量

盐 / 少许

做法

1 锅中烧开水，撒上一点盐，放入意面，小火煮 10 分钟。

2 青椒洗净，去蒂，切丝；洋葱切细丝；火腿切片。

3 热锅冷油，放入洋葱炒香，放入青椒和火腿片翻炒。

4 舀入两勺煮意面汤，加入番茄酱搅拌均匀。

5 放入煮好的意面，搅拌均匀，让酱汁完全包裹住意面。

6 出锅前撒上黑胡椒碎即可。

P.S.

意面最好呈放射状放入锅中，小火慢慢煮，确保煮意面的水不会溢出、也不会完全静止。

苗条
笔记

不需要熬酱、不需要准备繁琐材料的快手意面来了！超市随处可见的食材摇身一变，成为美味的一餐。谁说意面不能很简单？

柠香烤鸡

今晚吃鸡吗

中 | 45分钟 | 低

主料

三黄鸡 / 1 只

柠檬 / 1 个

迷迭香 / 适量

配料

蜂蜜 / 1 汤匙

生抽 / 2 茶匙

老抽 / 1 茶匙

盐 / 2 茶匙

蚝油 / 1 茶匙

料酒 / 1 茶匙

橄榄油 / 适量

P.S.

蜂蜜会保证烤鸡的颜色更加鲜亮有色泽，如果想要颜色更加鲜艳，可以在酱汁中加入一些红糖。具体的时间根据不同鸡的大小、烤箱的功率等酌情进行增减。

做法

1 三黄鸡洗净，去头、去尾、去内脏、剁掉鸡爪；柠檬洗净，切片。

2 将洗好的三黄鸡放入盐水中浸泡一晚。

3 将蜂蜜、盐、橄榄油、生抽、老抽、蚝油和料酒调成酱汁。

4 将三黄鸡从盐水中取出，吸干水分，将酱汁均匀刷在三黄鸡身上。

5 烤盘上铺一层锡纸，刷上一层薄薄的油。

6 摆上柠檬片、迷迭香，再放上三黄鸡，用锡纸包住鸡翅和鸡腿。

7 烤箱提前预热，放入三黄鸡，180℃烘烤 20 分钟。

8 取出再刷一遍酱汁，再放入烤箱 180℃烤 20 分钟即可。

苗条
笔记

鲜嫩多汁的烤鸡，搭配酸甜的水果一起烤制，每一口都很滑嫩！相信我，你们绝对会爱上这大口吃肉的感觉！

杭椒炒牛柳

爽滑牛肉谁不爱

中 | 25分钟 | 低

主料

牛里脊 / 200 克

青椒 / 1 个

橄榄油 / 少许

腌肉料

生抽 / 1 茶匙

盐 / 1/2 茶匙

白糖 / 1/2 茶匙

小苏打 / 1/4 茶匙

水淀粉 / 1 茶匙

食用油 / 适量

酱汁

蚝油 / 1 茶匙

生抽 / 1/2 茶匙

黑胡椒粉 / 适量

P.S.

在腌制好的牛柳中加油是为了锁住牛柳中的水分，这样炒出的牛柳鲜嫩可口。

做法

1 将牛里脊肉切成5~7厘米的长条，泡在清水中去除血水。

2 将腌肉料放入牛肉中，搅拌均匀，腌制 15 分钟以上。

3 热锅冷油，放入牛肉快速滑炒至变色，盛出。

4 青椒洗净，去蒂，切丝。

5 锅中放入青椒丝炒香，倒入酱汁。

6 再放入牛柳，翻炒均匀即可出锅。

苗条
笔记

再也不用担心牛肉会炒老、口感变差了。这样炒出
来的牛柳爽滑鲜嫩，配米饭一绝！快来试试吧！

野菌菇烩饭

米饭杀手准时报到

中 | 45分钟 | 低

主料	配料
白玉菇 / 100 克	浓汤宝 / 1 块
鸡蛋 / 2 个	生抽 / 2 茶匙
大米 / 50 克	蚝油 / 1 茶匙
糙米 / 30 克	小葱 / 适量
	橄榄油 / 少许

P.S.

也可以用杏鲍菇、口蘑替换白玉菇，或换成自己喜欢的其他菌菇。

做法

1 将大米、糙米淘洗两遍，将淘米水倒掉。

2 放入电饭锅内胆，换上清水。清水与米的比例是 1.2：1，按下煮饭键煮熟。

3 白玉菇洗净，切段；小葱洗净，切末；鸡蛋打散至碗中。

4 热锅冷油，倒入蛋液，快速炒散盛出。

5 紧接着放入白玉菇炒熟，倒入适量清水煮开。

6 放入浓汤宝、生抽和蚝油煮开，放入小葱搅拌均匀。

7 盛入一碗米饭，放上滑蛋，浇上白玉菇即可。

苗条
笔记

当把这款烩饭舀入口中，此时无肉胜有肉，每一口都能让你获得丰富的味蕾享受。即使在炎热夏季，有了这一碗饭，也不会没有食欲。

鳕鱼汉堡

幸福满满一口

中 | 35分钟 | 低

主料

汉堡坯 / 1 个

鳕鱼肉 / 150 克

面包糠 / 20 克

鸡蛋 / 1 个

生菜 / 适量

番茄 / 适量

配料

蛋黄酱 / 2 茶匙

盐 / 1 茶匙

黑胡椒碎 / 1/2 茶匙

P.S.

鳕鱼泥比较松散，在拿的时候要小心些，不要弄散。小火先煎后烤，能保证鳕鱼肉质鲜嫩。

做法

1 鳕鱼肉去皮、去刺，切成小块；鸡蛋取蛋清备用。

2 将鳕鱼肉、蛋清、盐和黑胡椒碎放入料理机中，搅成鳕鱼泥。

3 鳕鱼泥中加入面包糠，搅拌均匀。

4 将鳕鱼泥用手团成小肉饼形状。

5 平底锅烧热，将鳕鱼肉饼放入锅中，小火煎至定形。

6 烤箱提前预热，放入鳕鱼饼，180℃烤 15 分钟。

7 生菜洗净，沥干水分；番茄洗净，切片。

8 取一个汉堡坯，里面放上生菜、番茄和鳕鱼饼，挤上蛋黄酱，盖上汉堡即可。

苗条
笔记

用鲜嫩无刺的鳕鱼肉做出的超级弹牙的汉堡，
谁能抗拒这样的美味！开心的周末时光，给自
己做一顿让身心都满足的料理吧！

孜然羊排

羊肉的力量

中 | 45 分钟 | 低

主料

羊排 / 300 克

洋葱 / 1/4 个

配料

孜然粉 / 3 茶匙

大蒜粉 / 1 茶匙

料酒 / 1 茶匙

生抽 / 1 茶匙

蚝油 / 2 茶匙

花椒 / 适量

姜片 / 4 片

P.S.

要想羊排外焦里嫩，可直接烤制；如果想吃鲜嫩多汁的羊
排，就用锡纸包住再烤。

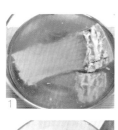

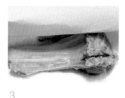

做法

1　羊排洗净，泡出血水。

2　羊排冷水下锅，倒入料酒、花椒和姜片，开大火煮出血沫。

3　将煮好的羊排冲洗干净，用厨房纸巾吸干水分。

4　孜然粉、大蒜粉、生抽和蚝油放入碗中，加入适量清水调成酱汁。

5　将酱汁均匀涂抹在羊排上，放入冰箱冷藏腌制 1 晚。

6　烤箱提前预热，烤盘上铺上一层锡纸，放上羊排和洋葱。

7　入烤箱 200℃烤 40 分钟，烤到 20 分钟的时候取出，翻面，再继
　　续烤制即可。

苗条
笔记

寒冷的冬季，只有吃肉才有能量啊！大口咀嚼羊排的过程总是令人最着迷的。羊肉性温，能帮助人们抵御寒冷，还易于消化，非常适合冬季食用。

最强伪装者

杏鲍菇牛肉粒

中 | 35分钟 | 低

主料

牛里脊肉 / 200 克

杏鲍菇 / 1 个

青椒 / 1 个

配料

生姜 / 20 克　　生抽 / 1 茶匙

大蒜 / 3 瓣　　黑胡椒粉 / 2 茶匙

蚝油 / 1 茶匙　　白糖 / 1/2 茶匙

淀粉 / 1 茶匙　　橄榄油 / 少许

P.S.

想要保证牛肉鲜嫩不老，下锅之后不要翻动，让牛肉全部
裹上一层油后再翻动。

做法

1　牛里脊肉洗净，切成 3 厘米左右的块。

2　将生姜、生抽、白糖和大蒜放入料理机中，搅拌成腌肉料。

3　牛里脊肉放入腌肉料中，搅拌均匀，腌制 20 分钟。

4　青椒洗净，切块；杏鲍菇洗净，切成 3 厘米左右的块。

5　提前准备好酱汁：将淀粉、蚝油、黑胡椒粉加入少许清水搅拌均匀。

6　腌制好的牛肉放入一点橄榄油搅拌均匀。

7　热锅冷油，放入杏鲍菇炒至变色，盛出备用。

8　紧接着下入牛肉，炒至变色，放入杏鲍菇和青椒翻炒。

9　倒入酱汁，不停翻炒，至收汁即可出锅。

苗条笔记

牛肉与杏鲍菇的搭配，一听就让人口水直流！
杏鲍菇有鲍鱼的鲜味，与牛肉一起炒制，加上
黑胡椒，滋味浓郁。作为下饭菜果然名不虚传！

网红凉拌菜来啦
泰式酸辣鸡爪

中 | 20分钟 | 低

苗条笔记

每到夏天，就超爱各种凉拌菜。这道拥有百香果和柠檬的凉拌鸡爪，一定不能错过！炎热的夏季，躺在沙发上啃着鸡爪，想想都很惬意！

主料

鸡爪 / 8 只

柠檬 / 1 个

百香果 / 2 个

香菜 / 5 根

洋葱 / 1/4 个

小米辣 / 3 个

配料

蚝油 / 1 茶匙

生抽 / 1 茶匙

P.S.

煮好的鸡爪放入冰水中浸泡，能保证鸡爪更加爽滑弹牙。

做法

1 鸡爪洗净，剪去趾甲。

2 百香果对半切开；洋葱切丁；香菜切末；柠檬切片；小米辣切段。

3 鸡爪冷水下锅，水烧开后，再煮15分钟。

4 将煮好的鸡爪放入冰水中浸泡5分钟。

5 倒掉冰水，放入其余的食材和调料搅拌均匀。

6 盖上一层保鲜膜，放入冰箱冷藏8小时以上即可。

香煎鸡胸藕饼

低卡食材的碰撞

中
20分钟
低

苗条笔记

这是两个低卡食物的碰撞，只需要少许调味，金黄酥脆的藕饼就形成啦！看着盘中一个个小圆饼，谁能放下手中的筷子呢？

主料

莲藕 / 1 个

鸡胸肉 / 100 克

鸡蛋 / 1 个

配料

盐 / 1 茶匙

面粉 / 适量

油 / 少许

P.S.

莲藕擦成细丝，
会出很多水分，
要用手完全攥干。

做法

1　莲藕洗净，去皮，用擦丝器擦成细丝。

2　将莲藕丝挤干水分。

3　鸡胸肉切成小块，放入料理机中打成肉泥。

4　将鸡肉泥、莲藕丝、鸡蛋液、盐和适量面粉搅拌均匀。

5　将馅料捏成一个个小藕饼。

6　平底锅刷一层薄薄的油，放入藕饼，小火煎至金黄即可。

金黄酥脆

椒盐香煎带鱼

中 | 45分钟 | 低

主料
带鱼 / 1 条

配料
生姜 / 3 片
盐 / 1 茶匙
料酒 / 1 茶匙
生抽 / 2 茶匙
胡椒粉 / 适量
淀粉 / 适量
油 / 适量

P.S.

煎带鱼的油一定要多，这样煎出来的带
鱼才能金黄酥脆。

做法

1　将带鱼剪去背上的鱼刺，去头、去内脏，切段。

2　将处理好的带鱼洗净。

3　将洗好的带鱼放上生姜、盐、料酒、生抽和胡椒粉搅拌均匀，腌
　　制 30 分钟。

4　腌好的带鱼冲洗干净，用厨房纸巾吸干水分。

5　将带鱼两面裹上淀粉。

6　平底锅烧热，多倒入一些油，放入带鱼煎至两面金黄即可。

苗条
笔记

很多人因为带鱼的腥味望而却步，其实只需要一些小改良，就能做出鲜嫩酥脆的带鱼。只有鱼鲜，没有鱼腥，快来试试吧！

苗条笔记

用味噌作为主要的调料来烤制鳕鱼，能有效控制盐的摄入。低卡又美味的烤鱼绝对让你欲罢不能！

1

2

3

4

5

主料

鳕鱼 / 150 克

配料

味噌 / 2 茶匙

小葱 / 2 根

料酒 / 1 茶匙

胡椒粉 / 适量

做法

1　鳕鱼洗净，用厨房纸巾擦干水分。

2　将味噌、料酒和胡椒粉搅拌成酱汁。

3　烤盘铺上一层锡纸，放上鳕鱼。

4　将酱汁均匀涂抹在鳕鱼上，放上小葱，用锡纸包紧。

5　烤箱提前预热，放入烤箱 180℃烤制 10 分钟即可。

P.S.

用锡纸包着烤制出来的鳕鱼，不会流失过多的水分，更加鲜嫩多汁！

CHAPTER 6
×

低卡小零食篇

做一些低卡小零食，在两餐之间作为加餐食用，可以很好地缓解饥饿感，从而减少正餐时的进食量，这也是一种减肥的小诀窍哦！

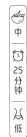

浓香酥脆

香脆芝麻薄饼

中 | ⏰ 25分钟 | 低

苗条·笔记

即使是减脂期，也可以适当给自己来些奖励：吃点零食很有必要！不过要注意控糖控油，所以还是自己做的更放心啊！

主料

鸡蛋 / 2 个

黑芝麻 / 20 克

配料

低筋面粉 / 70 克

白糖 / 20 克

橄榄油 / 40 毫升

P.S.

在烤制的过程中，温度不宜太高，否则会焦。也不可太低，否则烤出来芝麻薄饼会不脆。

做法

1　鸡蛋打入碗中，加入橄榄油和白糖搅拌均匀。

2　面粉过筛，加入蛋液中。

3　倒入黑芝麻，用蛋抽搅拌均匀。

4　用勺子将芝麻面糊舀出倒在烤盘上，做成小圆饼的样子。

5　烤箱提前预热 10 分钟，放入芝麻饼，160℃烤 15 分钟即可。

家庭版旺仔小馒头

入口即化的享受

中 | 50分钟 | 低

主料
鸡蛋 / 2 个

配料
奶粉 / 25 克
土豆淀粉 / 200 克
低筋面粉 / 20 克
糖粉 / 25 克
橄榄油 / 20 毫升

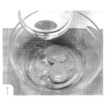

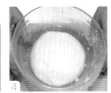

P.S.

在烤制的过程中，温度不能超过 180℃，入烤箱之前可以在上面喷一点水，否则小馒头的顶部会开花。小馒头不要搓太大，因为烤的时候会涨大，这一步会比较累，需要耐心一些哦。

做法

1 鸡蛋打入碗中，加入橄榄油搅拌均匀。

2 面粉、土豆淀粉、奶粉和糖粉过筛加入蛋液中。

3 用手揉成光滑的面团。

4 揉好的面团盖上保鲜膜，醒 15 分钟。

5 面团切开，搓成小圆球。

6 烤盘上铺上一层油纸，将小圆球放在烤盘上。

7 烤箱 160℃提前预热，放入小圆球，160℃烤 25 分钟即可。

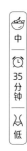

远远就飘来香味，一口咬下去，香甜酥脆。没错！这都是用来形容香蕉派的。夏季水果不好保存？来做一次香蕉派吧，分分钟消灭！

主料

香蕉 / 1 根

蛋挞皮 / 5 个

鸡蛋 / 1 个

配料

黑芝麻 / 适量

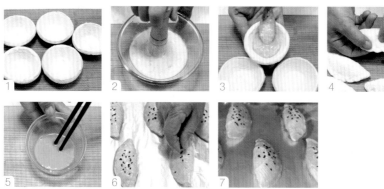

1 2 3 4

5 6 7

做法

1 蛋挞皮提前解冻。

2 香蕉切碎，放入碗中，捣成香蕉泥。

3 蛋挞皮去掉外面的锡纸，放入一些香蕉馅。

4 像包饺子一样，对折起来，口压紧。

5 鸡蛋蛋清和蛋黄分离，只取蛋黄打散成蛋液。

6 香蕉派顶部用刀子划两刀，刷上一层蛋液，撒上一些黑芝麻。

7 烤箱提前预热，放入香蕉派，170℃烤 20 分钟即可。

P.S.

在加入馅料对折后，一定要将蛋挞皮的边缘捏紧，防止烤制的时候会爆开。

口口都爽滑
南瓜羊羹

中 | 25分钟 | 低

苗条笔记

我们最常见到的羊羹都是用红豆制作成的，味道香甜。这次用南瓜制作的羊羹保留了香甜爽滑的口感，还更加低卡，为你增添了一份健康，快来试试吧！

主料
南瓜 / 200 克

配料
吉利丁片 / 8 克
白砂糖 / 20 克

做法

1 南瓜去皮、去瓜瓤，切小块。

2 蒸锅烧开水，放入南瓜，小火蒸 15 分钟。

3 将蒸好的南瓜过筛，压成南瓜泥。

4 南瓜泥加入白砂糖搅拌均匀。

5 吉利丁片用冷水泡软，隔水加热，泡至柔滑成液体。

6 将吉利丁液体倒入南瓜泥中，搅拌均匀。

7 倒入方形密封容器，放入冰箱冷藏 4 小时以上。

8 取出切小块即可。

P.S.

蒸好的南瓜泥一定要过筛，才能保证最终做出来的羊羹口感更细腻。

芒果布丁

最爱的小零食

中 | 25 分钟 | 低

主料

芒果 / 200 克

牛奶 / 50 毫升

吉利丁片 / 8 克

淡奶油 / 30 克

配料

白砂糖 / 10 克

P.S.

最好选择已近成熟的小台芒，小台芒做出来的布丁颜色鲜艳，味道浓郁。

做法

1 吉利丁片用冷水泡软，捞出。

2 取一个碗，隔水加热，倒入牛奶和白砂糖搅拌均匀。

3 放入泡软的吉利丁片，搅拌至溶化，关火凉凉。

4 芒果去皮，切小块。

5 将芒果肉放入料理机中打成芒果泥。

6 将芒果泥和淡奶油倒入凉凉的牛奶液中。

7 搅拌均匀，倒入布丁碗中。

8 放入冰箱冷藏 2 小时以上即可。

苗条笔记 这是芒果控们绝对不能错过的一道小甜品！这个方子很适合在减脂期解馋，控制了糖和油的用量，吃起来没负担，更加健康。还等什么！

中

20分钟

低

主料

核桃仁 / 200 克

冰糖 / 60 克

配料

熟白芝麻 / 适量

P.S.

刚做完的核桃仁会拉丝，冷却一会儿，拉丝的情况就会消失。若完全冷却还有拉丝的情况，说明熬糖的时候水分过多，糖熬的时间不够。

做法

1 核桃仁放入烤盘中，放入烤箱，180℃烤 15 分钟。

2 平底锅放入冰糖和 100 毫升清水，大火煮至沸腾。

3 转小火，慢慢搅动使其溶化。

4 糖会慢慢变成焦糖色，气泡也会逐渐变小。

5 待糖彻底变成焦糖色，倒入烤好的核桃仁。

6 快速搅拌，使每颗核桃仁都充分裹上糖浆。

7 撒上白芝麻搅拌均匀。

8 将做好的琥珀桃仁摊平凉凉即可。

苗条
笔记

光听名字就能感受到香甜有没有？核桃对身体有多好想必大家都知道，可有些人不喜欢核桃本身的味道，用这个做法就不怕了，香香甜甜，保管你爱吃！

完美复刻肯德基
鸡米花

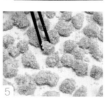

[🍚 中] [⏱ 35 分钟] [🔥 低]

主料

鸡胸肉 / 1 块

鸡蛋 / 2 个

配料

面包糠 / 适量

盐 / 1 茶匙

玉米淀粉 / 50 克

黑胡椒粉 / 适量

P.S.

鸡米花的大小按照个人喜好来就行，这个方法同样适合烤鸡排等。

做法

1 鸡胸肉洗净，切小块。

2 鸡胸肉中加入玉米淀粉、盐和黑胡椒粉腌制 15 分钟。

3 鸡蛋打入碗中，搅散成蛋液。

4 将腌好的鸡胸肉依次裹上蛋液和面包糠。

5 烤盘上铺上一层油纸，放入鸡米花。

6 烤箱提前 200℃ 预热 5 分钟，放入鸡米花烤 20 分钟即可。

苗条笔记

在减脂期也能吃鸡米花，应该是一件充满幸福感的事情了！相比肯德基的油炸做法，这里使用的是烤箱，不仅酥脆的口感一点都没变，而且更加健康低卡！

是土豆也是零食
椒盐小土豆

中　⏲20分钟　低

主料

土豆 / 2 个

配料

椒盐 / 1/2 茶匙

盐 / 1/2 茶匙

孜然 / 1/2 茶匙

辣椒粉 / 1/4 茶匙

白芝麻 / 适量

橄榄油 / 少许

做法

1 土豆洗净，削皮，切成滚刀块。

2 蒸锅烧开水，放入土豆块蒸 10 分钟。

3 平底锅烧热，倒橄榄油，放入蒸好的土豆，小火煎至金黄。

4 将椒盐、盐、孜然、辣椒粉和白芝麻放入小碗中搅拌成调料。

5 将煎好的小土豆放入大碗中，倒入调料，搅拌均匀即可。

苗条笔记　当金黄酥脆的小土豆遇上滋味香浓的椒盐，那味道真的是能馋哭隔壁家小孩！土豆这样普通的食材，稍微变下做法，也可以很惊艳！

先蒸后煎的方法比较省时省力，如果想追求更加酥脆的口感，可以直接煎，就是时间要长一些。

能量果蔬汁 / 营养辅食轻松做 / 好喝的粥 / 减脂轻食 / 蔬果沙拉

粗粮细做 / 像营养师一样吃晚餐 / 像妈妈一样吃早餐 / 滋补靓汤 / 主食沙拉 / 一煲好汤 / 一碗好粥

元气素食 / 低卡饱腹健康餐 / 多吃蔬菜身体好 / 沙拉与果蔬汁 / 轻食沙拉纤体瘦身 / 24节气养生餐 / 沙拉与三明治

无烟少油轻食料理 / 减脂健康餐 / 诱人的减脂料理 / 0-3岁宝宝营养辅食全攻略 / 广式滋补靓汤 / 0-7岁聪明宝宝餐 / 给孩子吃的快手营养早餐

0-12岁孩子成长餐 / 手作健康零食 / 怀孕期营养食谱 / 汤汤水水滋养全家 / 汤水之爱

懒人下厨房系列

家常美食系列

图书在版编目（CIP）数据

萨巴厨房. 减肥就是好好吃饭 / 萨巴蒂娜主编. —
北京：中国轻工业出版社，2024.6
ISBN 978-7-5184-2902-8

Ⅰ.①萨… Ⅱ.①萨… Ⅲ.①减肥 – 食谱
Ⅳ.① TS972.161

中国版本图书馆 CIP 数据核字（2020）第 027886 号

责任编辑：秦 功 张 弘　　　责任终审：劳国强　　整体设计：锋尚设计
策划编辑：张 弘 洪 云 秦 功　责任校对：李 靖　　责任监印：张京华

出版发行：中国轻工业出版社（北京鲁谷东街 5 号，邮编：100040）
印　　刷：北京博海升彩色印刷有限公司
经　　销：各地新华书店
版　　次：2024年6月第1版第5次印刷
开　　本：710 × 1000　1/16　印张：12
字　　数：200千字
书　　号：ISBN 978-7-5184-2902-8　定价：49.80元
邮购电话：010-85119873
发行电话：010-85119832　010-85119912
网　　址：http://www.chlip.com.cn
Email：club@chlip.com.cn

240709S1C105ZBW